数 | 学 | 教 | 育 | 学 | 术 | 前 | 沿 | 论 | 丛

# 数学教师对学生学业成就的影响研究

曹一鸣◎丛书主编

王立东◎著

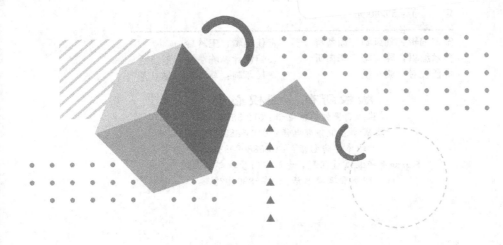

SHUXUE JIAOSHI DUI XUESHENG XUEYE
CHENGJIU DE YINGXIANG YANJIU

北京师范大学出版集团
BEIJING NORMAL UNIVERSITY PUBLISHING GROUP
北京师范大学出版社

**图书在版编目（CIP）数据**

数学教师对学生学业成就的影响研究 / 王立东著 . — 北京：
北京师范大学出版社，2021.12（2023.11 重印）
（数学教育学术前沿论丛 / 曹一鸣主编）
ISBN 978-7-303-26693-7

Ⅰ . ①数⋯　Ⅱ . ①王⋯　Ⅲ . ①数学课－教学研究－中小学
Ⅳ . ①G633. 602

中国版本图书馆 CIP 数据核字（2021）第 003345 号

教材意见反馈　　gaozhifk@bnupg.com　　010-58805079
营销中心电话　　010-58807651

出版发行：北京师范大学出版社　www. bnupg.com
　　　　　北京市西城区新街口外大街 12-3 号
　　　　　邮政编码：100088
印　　刷：北京虎彩文化传播有限公司
经　　销：全国新华书店
开　　本：730 mm×980 mm　1/16
印　　张：13. 25
字　　数：229 千字
版　　次：2021 年 12 月第 1 版
印　　次：2023 年 11 月第 2 次印刷
定　　价：59. 80 元

策划编辑：刘凤娟　周益群　　责任编辑：王玲玲
美术编辑：陈　涛　李向昕　　装帧设计：陈　涛　李向昕
责任校对：康　悦　　　　　　责任印制：马　洁　赵　龙

# 序

数学教育是一门古老的学科。公元前 4 世纪，柏拉图就在雅典创办学院，研习数学，通过数学（几何）的学习来培养人们的逻辑思维能力，培养出亚里士多德、欧多克索斯等哲学家、数学家。

19 世纪前，主要由数学家在进行数学研究的同时兼教数学，培养社会人才。当时，因为学数学和需要用数学的人并不多，人们自然不需要对数学教学（育）进行系统的研究。随着工业化的进程，这一现状发生了改变。学数学不再是少数人的专利，而是一种大众的需求，并逐渐成为人们生活中的一部分。面对日益增长的数学学习需求，"会数学不一定会教数学""数学教师是有别于数学家的另一种职业"开始被人们接受。人们对数学应该"教什么""怎么教"这一看似简单的问题开始了专门的研究，数学教育这个专业逐步形成。其中一个标志性的事件是，德国哥廷根大学的 Rudolf Schimmack 于 1911 年成为第一个数学教育方向的博士，他的导师是国际数学界的领军人物德国著名几何学家、数学教育学家菲利克斯·克莱因（Felix Klein）。哥廷根大学是当时国际数学界最具影响力的学术中心。

20 世纪 80 年代以来，随着改革开放的进程，国际交流日益频繁，我国的数学教育研究在数学教材教法的基础上有了新的突破和发展。我国数学教育逐渐走向成熟，并呈现出了一些标志性特征。

1. 逐步形成了相对稳定的专业团队

近年来，数学教育方向的博士研究生、硕士研究生毕业人数不断增加，全国数学教育研究会等学术团体队伍不断壮大。中国数学教育研究领域的专家学者在国际数学教育大会、国际数学教育心理学大会等重要的国际数学教育舞台上发挥着越来越重要的作用，第14届国际数学教育大会将在中国上海召开。在国内，数学教育学术活动日益繁荣，全国数学教育研究会学术年会的规模越来越大，从20世纪的100人左右，发展到现在的近千人。有10多所大学招收数学教育方向的博士研究生。

2. 研究方法逐渐完善

20世纪初，数学教育界开展了有关教育研究中思辨与实证方法、理论与实践取向的讨论。通过讨论，更多的研究人员开始重视研究方法设计的科学与合理性，逐步明确了不同研究方法的适用范围、优势与不足，纠正了研究方法过程中单一、片面所带来的研究结论偏差，在很大程度上对提高我国数学教育研究水平起到了促进和推动作用。

3. 具有明确的研究问题

在相当长的一段时间里，人们对数学教育研究的问题和研究定位很不明确。一个最简单的问题是数学教育是"数学"还是"教育"？由于对这一基本问题的认识不明确，一些研究走向了简单的"数学＋教育"的道路。数学教育应该是从数学的学科特点出发，研究以数学学科为载体的教育中的问题。所以，数学教育解决的是教育中的问题，但又不是泛教育问题，而是与数学有关的教育问题，是一门交叉学科。国际数学教育比较研究针对数学课程改革的理论研究与实践探索，为数学教育研究注入了永恒的动力。

正是由于有了本学科所需要解决的特有问题，数学教育这门学科才有了存在的必要性与可能性。

"数学教育学术前沿论丛"以对数学教育研究领域的重大理论与实践问题进行深入的专题研究为宗旨，针对数学教育研究领域内的重要课题研究成果，以数学方向优秀的博士学位论文为主体，发布北京师范大学数学教育研究团队探索、研究、发现的重要成果，对数学教育学科建设起到了积极的推动作用。本套丛书将聚焦学生的能力素养培养与数学教师的专业成长，采用量化与质性结合的研究方法，研究学生和教师发展的影响因素，精准评价、诊断师生教与学的过程，为优化、提升学生数学学业水平与课堂教学质量提供依据和助力。

2020 年 4 月 28 日
北京师范大学数学科学学院
京师数学课程教材研究中心

# 目　录

# 第一章　绪论

## 第一节　研究背景

在影响学生学习的各种因素中，教师无疑是关键因素。有关教师作用的论述古来有之。特别是 19 世纪以来，越来越多的学者认为，面对学校数量的大幅增长，原有的"学者自然是教师，会则能教"的认识需要改变，并进一步认识到教师的教学水平存在差异，进而催生了对有关教师对学生学习影响的深入思考与研究。(Carter，2008)

进入 20 世纪，以统计学为基础的量化研究方法开始被大量应用在教育研究中，值此背景下，学界开始尝试利用量化研究的方法，深入、全面、精细地分析教师对学生学业成就的影响。不同背景的学者基于不同视角对这个主题进行了广泛探讨。例如，教学领域的学者倾向于探讨教师的知识水平、课堂教学实践水平等因素是否与学生学业成就存在一定关系(如是否教师的学科教学知识水平越高，学生的成绩就越好；是否教师的数学专业背景越好，学生的数学成绩就越好)，希望在此基础上完善有关数学教育的理论，指导教师更好地完成职前教育与职后培训；教育经济与政策领域的学者倾向于探讨教师作为一种资源投入，经过一定的教育过程后，能够取得什么样的教育产出(如学校投入资源聘请更多高学历的教师后，是否会提高学生的学业成就)，希望以此为依据指导有关教育政策的决策与教育资源的配置。

## 第二节　已有研究的基本视角

考虑到研究者的学科背景、研究目的、关注点与研究方法等要素，我们归纳出了两类基本的研究视角。在基本研究视角的框架下，不同的研究者从各自的研究领域、研究兴趣出发开展了大量的相关研究。(王立东、曹一鸣，2014)

## 一、基于课堂教学的视角：过程—结果研究和前变量—结果研究

有学者从课堂教学层面出发来关注教师对学生学业成就的影响。根据邓金和比德尔（Dunkin，Biddle，1974）提出的体系[1]，这类研究包括过程—结果（Process-Product）研究和前变量—结果（Presage-Product）研究。这是一类基于教师课堂水平的教育研究，主要讨论学生学业成就与教师本身固有的特征及教学实践（教师课堂教学行为）的关系，关注的是教师效能、教师质量、有效教学等方面的问题（Hill，Rowan，Ball，2005；Campbell，et al.，2012），探讨的是教师如何提高学生学业成就等问题。（Konstantopoulos，Sun，2012）

基于课堂行为的特征研究是一类从相对微观的角度出发的研究。其中，前变量—结果研究特别关注一些教师固有的特征变量，如教师的外表、热情、知识、年龄、性别、教龄等。该类研究在 20 世纪早期就引起了学界关注[其中，针对知识和信念的研究开始得相对较晚]，甚至受到了过度重视，研究内容经过更新后，近年来又重新引起了人们的关注（Rowan，Correnti，Miller，2002；Campbell，et al.，2003）；过程—结果研究主要探讨教师的课堂教学（行为）与学生学业成就的关系，自 20 世纪 60 年代以来逐渐引起了学界的关注。（Campbell，et al.，2012）针对人们对前变量—结果研究的过度关注，该类研究旨在关注师生交互作用的过程阶段（如课堂教学等），同时为基于有关教与学的联系的研究提供了实证基础。（Hiebert，Grouws，2007）

## 二、基于教育政策的视角：投入与产出的研究

该类学者关注教育资源投入与教育成果产出之间的函数关系，试图为教育政策决策与教育资源配置提供科学的依据。这类被归纳为教育生产函数（Education Production Function）的研究，关注教育资源投入与"生产"结果的函数关系（如学校投入与学生学业成就的关系）。随着研究的不断深入，许多研究将教师和学生学业成就认定为重要的教育资源投入与产出。例如，讨论教师学历、教龄等资源投入与学生学业成就的产出的关系。（丁延庆、薛海平，2009）可以看出这是一类从教育政策与经济学角度出发的相对宏观的研究。

---

[1] 转引自 Rowan B.，Correnti R. & Miller R. J.，"What Large-scale，Survey Research Tells Us About Teacher Effects on Student Achievement：Insights from the Prospects Study of Elementary Schools，"Teachers College Record，2002，104(8)，pp. 1525-1567.

　　已有的研究从多个具体的角度切入，为不同的理论研究与实践需求提供了实证基础。

　　**教育经济角度**：探讨教师因素作为教育（人力）资源的投入，介入教育的投入与产出的计算，进而探讨"教育投资"效率与最小投资的问题。（Hanushek，1986，1989；胡咏梅、杜育红，2009；丁延庆、薛海平，2009）

　　**教育政策决策角度**：该类研究为教师的选聘、教师评价和教育资源配置等教育政策决策提供了重要依据。例如，在教师的选聘过程中，需综合考虑教师的专业背景、资格证书、学历、教学经验等因素，以及如何合理地配置具有不同教学背景的教师资源，如何对教师提供资源支持等，另外还有对教育责任与义务的确认等工作。（Hanushek，1986；Sanders，Wright，Horn，1997；Pritchett，Filmer，1999；Kane，Rockoff，Staiger，2008；Guarino，et al.，2006）

　　**教师心理学角度**：包括对教师效能[①]的心理结构的探讨等。（卢谢峰，2006）

　　**教师效能评价角度**：在实践中，学校将教师对学生成绩的影响的估计结果作为教师评价的直接依据，这类研究也可被称作教师效能[②]研究。（Campbell，et al.，2003；McCaffrey，et al.，2004b）

　　**教师教育理论与实践角度**：包括课程与目标设计的实证依据，师范生职前教育、职后培训及资格认证依据等。[③]（Medley，Mitzel，1963；Good，Grouws，Ebmeier，1983；Jacob，Lefgren，2004；Carter，2008）

　　**教学理论研究角度**：进行有效的教学模式（方法）的实际应用效果分析（Hiebert，Grouws，2007），同时，这也是学校学习的知识基础（Knowledge Base of School Learning）的重要构成部分。（Wang，Haertel，Walberg，1993）

　　**社会服务角度**：这类研究的结果可能成为学生家长的决策依据（如"择校"的依据）。（Raudenbush，Bryk，1986）

　　此外，该类研究也可以作为一项范围更广的研究的子部分（如学校效能或

---

　　① 教师效能可被定义为："教师在特定的教学情境下，引导或促进学生的学习与各方面（如情感的、道德的及认知的）发展，以致达到或超出社会认可的预期教育目标的能力。"

　　② 与前文的教师效能研究存在角度的差异与联系。

　　③ 转引自 Carter P. J.，"Defining Teacher Quality：An Examination of the Relationship Between Measures of Teachers' Instructional Behaviors and Measures of Their Students' Academic Progress"，Dissertation & Theses-Gradworks，2008，29(4)，pp. 1223-1234.

政策效能研究）。（Cohen，Hill，2000）

## 三、两类研究的整合

值得注意的是，教师对学生学业成就的影响研究这一提法更具有中立性意义（Brophy，Good，1986），强调教师与学生学业成就的客观关系。虽然，某些研究的目的具有一定的价值倾向（如教师效能研究更加重视探讨教师对学生成绩提高的正向的、积极的方面，以及探讨某种教师选拔政策的决策依据），但其可以归类到范围更大的教师影响研究中来。由上述综合分析可以发现，客观、中立性的教师影响研究可能具有基础性的意义，从而可能被人们从多个角度讨论与应用。

自20世纪80年代以来，不同视角的研究呈现出整合的趋势（Campbell，et al.，2003），即从某种意义上来讲，教师影响研究是一类可以为不同领域的理论与实践提供依据的基础性研究。虽然研究者在学科背景、研究目的及对研究成果的应用等方面存在较大差异，但从使用的研究方法（技术路线）与获得的基本研究成果上看又有很大的相似度，在很多情况下他们可以互相佐证对方的研究问题，进而跨专业、跨学业应用这类研究成果。

# 第三节　文献综述

## 一、理论框架

教师影响研究早在19世纪便已有了思想源头，且学界对此问题的关注一直延续至今。（Hiebert，Grouws，2007）自20世纪60年代以来，学界开始关注教师促进学生学习的能力，大量有关教学的研究也开始关注与学生学业成功相关的教师行为。（Carter，2008）

科尔曼与同事在20世纪中叶使用教育生产函数，从教育投入产出的角度探讨了相关问题，为这类研究提供了一条新线索（Coleman，et al.，1966；Coleman，1990），研究发布的《科尔曼报告》在世界范围内产生了广泛的影响。该报告受美国教育署委托，在《1964年民权法案》（*Civil Rights Act of* 1964）的背景下，对因种族、宗教及家庭出身等造成的学校机会不均等情况进行了调查、讨论，通过分析产出数据（如测验分数）与投入数据（如学校资源、生均投入）的关系来分析教育公平状况，并得出了相关结论，即对于学生成就而言，学生(本人和同伴)的背景和社会经济状态(Socioeconomic Status，SES)比学校投入产生的影响更大。虽然有学者指出该研究没有关注(学校)资源的影响(Resource Impact)，并提出研究应关注资源的中介作用和影响，如不同的教师和学生对学校资源的利用等(Cohen，Raudenbush，Ball，2003)，但这并不妨碍这种研究方式为后续研究提供具有启发性的"模版"。

邓金和比德尔(Dunkin，Biddle，1974)提出的四组变量系统为教学研究提供了一种十分重要且基本的分析模型，其也是本研究所依赖的基本话语系统。(1)前变量：教师的特征、经验、培训及其他影响教学行为的特征。(2)背景变量：学生、学校、社区及班级等特征。(3)过程变量：教师、学生的可观察的行为。(4)结果变量：智力因素和非智力因素等方面的变化。

下述引自加顿等人(Garton, et al.，1999)的结构图(图 1-1)可以反映这几个变量的结构关系。

此外，有学者对上述变量进行了扩充，如增加了对教学的心理环境(Psychological Context of Teaching)的考量。例如，补充了有关教师思维过程(Teacher Thought Process)(Clark，Peterson，1986)和学生思维过程(Student Thought Process)的变量。

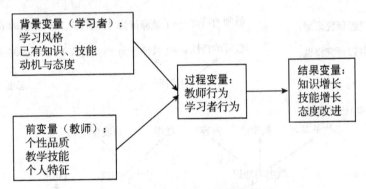

**图 1-1 影响学业成就的理论结构图**

多个模型在邓金与比德尔的话语系统下给教师影响研究提供了基本而实用的分析框架。例如，卡罗尔提供了一个系统地探讨影响学业成就的模型(Carroll，1963；1989)，如图 1-2 所示。

上述模型的核心词汇是时间，有三个变量均可由时间来刻画，包括：(1)天资，学生学习一个给定的任务、教学单元或课程，并达到应掌握的水平所需的时间(在最适合的教学条件和学生动机下)；(2)学习的机会，学校或其他教育环境中可用来学习的时间；(3)坚持不懈，学生愿意花在学习上的时间。

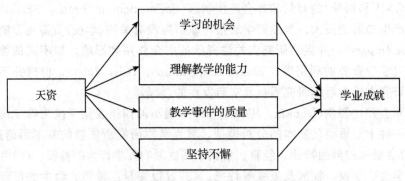

**图1-2　学业成就影响因素分析框架**

科勒和格劳斯（Koehler，Grouws，1992）总结出了四个刻画教师对学生学业成就影响的研究模型（图1-3），特别强调了教师与学生的非认知因素的维度。

基本程度1研究模型：　　　教师特性 ——→ 学生的成绩

改进的程度1研究模型：　　教师的特性 ——→ 教师的行为 ————————→ 学生的成绩

程度2研究模型：　　　　　教师的特性 ——→ （教师行为　学生行为） ——→ 学生的成绩

程度3研究模型：　　　　　教师的特性 ——→ （教师行为　学生行为） ——→ 学生的成绩

学生的特征　　　　　　　　　　　态度

程度4研究模型：

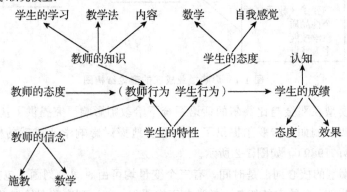

**图1-3　教师对学生学业成就的影响理论结构图**

教育生产函数研究又被称为投入与产出（Input-Output）的研究或消费与质

量(Cost-Quality)的研究(Hanushek，1986)，给我们提供了一个十分方便的、清晰的描述问题的框架[过程—结果研究，从研究方法的角度可以理解为存在这样一个隐含框架(或者是修正的或简化框架①)]。

将经济学中的生产函数概念引入教育学研究时，教育教学过程在这个框架下可被看作是一个生产过程。通过建立基于数据或某种理论的投入与产出的函数关系，人们可以获得高效的资源配置方法(最大产出或最小投入或二者平衡)或者某种投入因素的边际产量(生产函数关于某个变量或因素的偏导数)(Marginal Product)。这是一类系统的、依赖于计量经济学的量化研究。与其他应用领域相比，教育领域应用生产函数的最大的不同之处在于其可以较快地在政策决策中加以应用。(Hanushek，1986)

哈努塞克(Hanushek，1989)给出了教育生产函数模型的一个基本描述，其一般的表示为

$$A_{it} = f(B_i^{(t)}，P_i^{(t)}，S_i^{(t)}，I_i^{(t)})。$$

这里 $A_{it}$ 表示某个学生 $i$ 在 $t$ 时刻的学业成就，$B_i^{(t)}$ 代表家庭背景的变量，$P_i^{(t)}$ 代表同伴变量的影响，$S_i^{(t)}$ 代表学校投入的变量，$I_i^{(t)}$ 代表学生固有的能力。可见这是一个多元函数(可能是线性的，也可能是非线性的)。

## 二、研究方法(技术路线)与代表性结论述评

我们将在这个教育生产函数的框架下，结合邓金与比德尔变量系统所提供的话语方式综述已有的研究思路、方法和成果。教育教学过程在这里被看作是一个生产过程，兼顾之前提到的过程—结果研究和前变量—结果研究提供的基本框架与话语方式(如前变量、过程变量)。已有研究的术语使用略有差异，但没有本质差异。

已有研究中，在投入方面，一般教育投入产出研究所囊括的问题(变量)范围往往广于单纯的教师影响研究，一般教育投入产出研究还包括学校影响研究、教育政策影响研究等。但在这样的研究视野下，教师作为投入的基本的人力资源，成为众多投入因素中的重要一环，进而被纳入众多教育投入产出与教育效率等方面的研究中。例如，薛海平、王蓉(2010)的研究主要包括学校生均公用经费、生均人员经费、班级规模、教师学历、教师资格、教师培训、教师工资等投入变量。胡咏梅、杜育红(2009)的研究认为生均教室面积、生均事业费、生均公用经费、学校学生家庭平均社会经济状态、是否是乡镇中心小学对

---

① 如不讨论边际成本等问题。

学生数学平均成绩没有显著性影响；而少数民族专任教师比例、专任女教师比例、父亲平均受教育年限、母亲平均受教育年限对学生数学平均成绩有显著性影响；父亲平均受教育年限、生均教室面积、专任女教师比例、学校学生家庭平均社会经济状态、生均事业费、生均公用经费及是否是乡镇中心小学对学生语文平均成绩没有显著性影响；母亲平均受教育年限、少数民族专任教师比例、生均图书册数对学生语文平均成绩有显著性影响。从教育产出的角度讲，虽然需要多元、多角度地考虑教育产出或教育评价问题，但学生的测验成绩无疑是最为基本的教育产出指标之一。（Hanushek，1986；Xin，Xu，Tatsuoka，2004；胡咏梅、杜育红，2009）

下面将在教师影响研究的范畴内对已有研究进行综述。

## （一）投入变量：有关教师变量的选择与有关研究结论

以下将综述已有的用来刻画或探讨教师影响的基本变量，作为教师方面的投入变量。

教师的人口学变量：在众多的可选因素中，教师的人口学因素[Demography Background（Hogan，1978）]，如性别、年龄、教龄、受教育水平（学历水平）、教师资格证书等常常被用来作为衡量教师影响的前变量。这是一类可通过简单的调查问卷获得的，同时可以方便地应用于实践的变量，可以被作为教育投入因素进行研究[在某种程度上说应该是预测性影响研究]。我们可以从效率的角度探讨相关的教育经济学问题，如教师资源配置问题产生的边际效应问题等。（丁延庆、薛海平，2009）还可以检验、刻画、评价某种教育理论及教育政策的成果，如探讨经验（教龄）对教学成果的影响、教师资格证书的作用（对教学效果的预测作用）。在我国的大城市中，高学历教师大量进入中学，在这种背景下可探讨高学历对教学效果具有什么样的影响（高学历对学校教学来说是否是一个"奢侈"消费）。还可以探讨师范大学与综合性大学在教师教育培养模式上的"效益"，如有研究者（Rowan，Correnti，Miller，2002）认为对学生成就产生正向影响的是教师的学科背景（是否是数学专业）而非学历高低。

谢敏等人（谢敏、辛涛、李大伟，2008）基于第三次国际数学和科学研究（Third International Mathematics and Science Study，TIMSS）数学测验中美国、瑞典、日本和中国香港四个地区八年级学生及其教师的数据，获得教师的性别、教龄、受教育水平、专业和教师资格对学生数学成绩的预测力较弱，同时具有地域差异的结论。

张文静等人（张文静、辛涛、康春花，2010）基于我国北方地区某学区42所小学的42名数学教师与1238名学生的样本，利用自编测验数据获得了教师的性别、年龄、教龄和学历专业对学生学业成绩的增长无显著影响，而教师的职称和最终受教育水平对学生学业成绩的增长有显著影响的结论。

帕拉迪和伦伯格(Palardy, Rumberger, 2008)利用 Early Childhood Longitudinal Study 一年级学生的数据，在数学与阅读两个学科上获得了教师背景特征对学生成就的影响低于课堂实践产生的影响的结论。两位研究者综述了若干已有研究，结果显示：虽然文献表明部分教师特征与学生成就存在着一定关系，但结论并不一致(可能因为是学科、年级不同)，且影响关系可能是非直接的。其中，瓜里诺等人(Guarino, et al., 2006)针对幼儿教师的研究表明这些变量的影响可能是间接的。

韦恩和扬斯(Wayne, Youngs, 2003)综述了 21 项研究的结果，发现教师的学位与学业课程(Course Work)对学生的影响在其他学科的研究中结果是不确定的，但对数学学科而言，高中学生明显地从具有数学教师资格证书、具有数学相关学位和修读过数学相关课程的教师那里学到了更多。

凯恩等人(Kane, Rockoff, Staiger, 2008)分析了美国某大城市六年的纵向数据后认为，平均来讲，教师是否具有教师资格证书对学生的学业成就来说只有很小的影响，同时具有相同等级教师资格证书的教师在效能(Teacher Effectiveness)方面有很大的、持续的差异。

格雷伯(Graber, 2009)分析了美国部分地区九至十二年级的学生和教师的数据，发现对高贫困水平的学生来说，教师的资格与学生的学业成就呈中等水平的相关。

简评：以上的因素通常是一类比较容易获得的教师特征信息，同时这类变量也只能在较小的范围内解释教师的影响。(Rivkin, Hanushek, Kain, 2005; Konstantopoulos, Sun, 2012)

教师的内在心理特征：在讨论教师的人口学等外在的前变量的同时，也要考虑教师的内在因素，如教师的知识、人格、期望、观念、态度等个性心理特征。其中教师的内在知识包括教学内容知识、学科知识、一般教学知识等(Shulman, 1986)，这也是学界关注的重要因素，特别是自舒尔曼(Shulman)对教师知识的深入描述的研究发布以来，相关研究更是受到了人们的追捧与探讨。(Campbell, et al., 2003)

芬尼玛和弗兰克(Fennema, Franke, 1992)综述了之前关于教师知识与学生学习关系的研究，没有发现两者有明显的关系。但他们指出，出现这种情况可能是测量工具(如仅以教师所修读的大学数学课程的情况代表教师的知识是否合适)和研究方法(仅用相关分析)的问题，因此未来进行深入研究是有必要的(如关注教师知识的复杂性及其与教学的关系)。

汤普森(Thompson，1984)对三位高中教师的案例研究表明，教师对数学及其教学的信念、观念和偏好对其课堂教学行为有重要的影响。

希尔等人(Hill，Rowan，Ball，2005)的工作强调了教师的"为教学的数学知识"(Mathematical Knowledge for Teaching，MKT)的重要作用，此处知识意指用来完成教数学这个任务的数学知识。例如，给学生解释数学的名词、概念，修正某些教科书对某些特定主题的处理，等等。他们基于美国样本的研究表明：教师的上述知识正向地预测了一年级和三年级学生的数学成就增长情况，其中一年级的结果尤其令人惊讶，反映出教师的该类知识即使对于非常初等、简单的教学内容而言，仍是十分重要的。

罗恩、蒋、米勒(Rowan，Chiang，Miller，1997)利用相关研究(National Education Longitudinal Study of 1988)数据获得了教师的学科知识对高中学生的数学成就有直接的影响，同时这个影响也取决于学生的平均能力水平的结论。

简评：这个结果可能预示着教师影响在不同群体中会存在差异。

李琼等人(李琼、倪玉菁、萧宁波，2006)利用我国东南地区某大城市15所学校的32名教师和1691名四年级和六年级学生的样本(期末测验的数学成绩)进行了研究，结果表明：教师的学科教学知识(由涉及学生思维特点与解题策略、诊断学生的错误概念、教师突破难点的策略与教学设计思想的10个任务情境题目来测量)对学生的数学成绩具有显著的预测作用；而教师的学科知识(基于包括理解分数概念、分数运算和有关分数相关概念之间的关系等在内的测试工具)对学生数学成绩的影响未达到显著性水平。

刘晓婷等人(刘晓婷、郭衍、曹一鸣，2016)对我国东南沿海、中部、西北部三个省份的1140所小学的82510名四年级学生的数学学业成绩和与之对应的2915名数学教师的数学教学知识进行了相关分析和回归分析，得到了如下结论。

(1)教师的数学教学知识与学生的数学学业成绩呈显著的正相关，并且教师的数学教学知识是独立于教师人口学变量的影响因素。

(2)教师的数学教学知识的三个分维度都与学生的数学学业成绩显著相关，其中内容和学生知识对学生的数学学业成绩的贡献率最大。

(3)教师的学科知识是影响学生学业成绩的重要隐性因素。

郭衍和曹一鸣(2017)选取了某省2112名数学教师及28172名八年级学生进行了调查研究，分别测试了教师的数学教学知识和学生的数学学业成绩，研究结果表明：教师的数学教学知识对初中学生的数学学业成绩有显著影响，其中一般内容知识、特殊内容知识和学生的数学学业成绩有较大关联，内容与学生知识、内容与教学知识对学生高层次认知能力的影响更大。

郭衍等人（郭衍、曹一鸣、王立东，2015）选取了全国有代表性的3个学区的55名初中数学教师和近2000名学生开展了为期两年的跟踪调查，以学生2012年的数学学业成绩为因变量，教师的M-TPACK水平、信息技术使用情况、学生2011年的数学学业成绩及学生课外补习时间为自变量，建立分层线性模型研究教师使用信息技术对学生学业成绩的影响。研究结果表明：在信息技术环境下，数学教师的教学知识对学生的学业成绩有显著的促进作用，且对几何成绩的影响大于代数成绩；在课堂教学中使用信息技术过于频繁反而会阻碍学生代数能力的发展。教师整合信息技术与教学方法的能力能够帮助学生在代数成绩上获得较大提升，教师拥有整合信息技术与数学内容的能力且在课堂教学中充分使用信息技术则有利于学生几何成绩的提高。

歌德（Goe，2007）的综述表明，教师的数学学位、资格证书和参与过高级的数学课程对学生的数学成就具有强烈的、一致的影响，特别是在中学阶段，影响更强，这说明了教师资格在中学阶段的重要作用。

简评：需要注意的是，该结果表明教师影响可能会具有年级（学段）差异，科勒与格劳斯（Koehler，Grouws，1992）强调以往的研究倾向于低年级，后续需要加强对中、高年级的研究。

此外，有研究者基于英国的数据，从计算能力学习的角度细致地探讨了教师教学内容知识的问题。穆伦斯等人（Mullens，Murnane，Willett，1996）利用伯利兹（中美洲国家）的数据也讨论了类似的相关问题。

除教师的知识外，部分研究也探讨了一些非智力因素，如自我效能、个性、动机、态度等个性心理特征因素，这些也被纳入对教师变量的考虑范畴中，特别是在一些早期的相关研究中。（Hill，Rowan，Ball，2005；Campbell，et al.，2003）例如，弗罗姆等人（Frome，Lasater，Cooney，2005）利用Making Middle Grades Work（MMGW）的数据证实了学生对教师期望的评分与学生在阅读、数学和科学方面的成就呈最强的正相关（在11种教师因素的度量之中）。

简评：前两类教师变量可以被认为是对学生成绩固有的、静态的预测变量（同时也往往被认为是间接变量），如之前所述的前变量—结果研究。这是教师进入课堂与学生发生作用前的特征，也可以认为是教师变量中影响学生学业成就的间接因素，同时也是做出与教师有关的教育决策的依据（如在教师培训中加强 PCK 的内容，以及重视提高教师数学修养等）。其中，教师有关知识的变量对学生学业成就的影响是被众多研究所支持的。

教师的课堂教学：与之相对应的是直接反映教师与学生作用的（课堂）教学，即教师的（课堂）教学行为，这也是教师变量中影响学生学业成就的直接因素［也有研究将其认定为过程因素（Campbell，et al.，2003）］，如之前所述的过程—结果研究。这类研究开始于 20 世纪 60 年代，通常基于对课堂过程的观察和对高效度的学生学业成就的测量来探讨其间的关系（Gage，Needels，1989），虽然在多个方面（包括概念体系、方法论、成果、理解应用）都受到了这样或那样的批判，但仍然是一种需要鼓励的主要研究方式。（Gage，Needels，1989；黄荣金、李业平，2010）

有研究者（Monk，Walberg，Wang，2001）整合了以往的研究结果，并指明教学的时间与质量是影响学生学习的重要因素。

有研究在一个小样本探索性实验的框架下，基于 10 位六年级教师每人授课 1 小时（课堂内容按照认知复杂性区分，学生按照资质区分）的背景，探讨了课堂对话（Classroom Discourse）和学生学业成就的关系，具有统计显著性的结果表明，违反交流逻辑（Communicative Logic）与高资质（High Aptitude）学生的得分（正确率）呈负相关，同时作者也强调了这种实验研究设计的价值。（Needels，1988）

科恩等人（Cohen，Hill，2000）利用美国西部某州由教师回答的有关教学实践的调查数据，结合大尺度小学阶段数学测验的数据，获得了教师对学生的学业成绩有正向影响的结论。同时，教师影响作为中介，反映了教学政策对学生学业成就的正向影响。

弗罗姆等人（Frome，Lasater，Cooney，2005）利用 Making Middle Grades Work 数据发现，学生对教师教学实践的评分与学生学业成就呈正相关，这里的教师教学实践包括对有挑战性的作业进行小组合作、口头汇报、撰写数学项目报告和面向班级对问题解决过程进行解释。

沙克特和图姆（Schacter，Thum，2004）分析了课堂结构和过程、活动的关联和挑战性、提问技巧、反馈、高效利用分组、估计思考等 12 个维度的教师实践的结果（基于受过训练的评分者的课堂观察评分），数据来自美国某个州三至六年级的教师和学生，涉及阅读、数学和语言艺术三个方面的内容。因子分析结果表明，上述因素对学生学业成就呈现正向影响。

松村等人（Matsumura，et al.，2006）基于课堂教学评价（Instructional Quality Assessment，IQA）工具，讨论了由 IQA 工具（包括基于课堂观察的评

价和基于作业的评价)评价的教师课堂教学水平与来自五所美国城市中学的学生在"Stanford Achievement Test，10$^{th}$ edition(SAT-10)"中的阅读成绩和数学成绩的关系。结果显示，在控制学生的先前成绩、社会经济状态、种族、语言等因素的基础上，IQA 在作业方面的评价结果能够预测 SAT-10 中 Total Reading(综合阅读)、Reading Comprehension(阅读理解)、Vocabulary(词汇)三个子分数的结果，IQA 在课堂观察评价方面的结果仅能够预测 Reading Comprehension 方面的成绩，而 IQA 在数学方面、作业方面的评价结果能够预测学生在 SAT-10 中的程序子评分(Procedures Subscore)，课堂观察的成绩能够预测学生的程序和数学总分(Total Math Subscores)。

值得注意的是，这个结果反映了教师影响在不同学科(Rowan，Correnti，Miller，2002；Campbell，et al.，2003；Hill，Rowan，Ball，2005)，甚至在不同学科的不同知识内容或技能方面可能的差异性。(Campbell，et al.，2003)罗恩等人(Rowan，Correnti，Miller，2002)基于 The Congressionally Mandated Study of Educational Opportunity 项目数据的研究结果表明，教师影响在阅读和数学成就之间仅有中等程度的一致性(相关系数为 0.30~0.47)。

黄慧静和辛涛(2007)利用 TIMSS 2003 研究了美国、瑞典、日本和中国香港四个地区的教师课堂教学行为和学生数学成绩测验数据，结果发现，基于教师问卷数据获得的教师特定的行为因素，如教学的准备、对作业的重视、对考试的重视、对推理和问题解决的重视及电脑的使用，确实能有效影响美国和瑞典学生的数学成绩，但对日本和中国香港的学生却没有影响。

简评：这个结果反映了一个重要的现象——教师的影响存在跨文化的差异。

此外，布罗菲和古德(Brophy，Good，1986)综述了大量相关的早期研究成果，发现向学生提问的难度的观点是多样的。在不同的情境下，最佳的提问难度可能不同，如在讲授复杂任务或需要鼓励学生概括、评价他们的学习和使其应用所学知识的情况下，问题的难度就应当提高或提问开放式问题。

斯特朗等人(Stronge，Ward，Grant，2011)综述了若干个讨论有效教学的组成维度。包括：(1)教学传递(Instructional Delivery)，如教学的多样性、对学生的期望、技术的使用、提问等；(2)学生评价(Student Assessment)，如为理解的评价、反馈等；(3)学习环境，如课堂管理与组织、行为期望(Behavioral Expectations)等；(4)个人品质，如公平与期望、与学生的积极关系、热情等。高文君(2011)讨论了课堂的探究水平对学生学业成就和学生兴趣的影响。

拉维（Lavy，2016）基于以色列中小学的数据（基于学生问卷与学生测验结果）的研究表明：教师的教学实践对学生的数学成就有明显的影响，这种影响既包括传统的教学过程的某些特点（如强调知识的渗透与理解）（特别是针对女生和低家庭社会经济状态背景的学生），也包括被认为是现代教学过程的一些特点的特点（如激发学生分析与批判技能的课堂技术的使用等）（不同性别和家庭社会经济状态的群体相一致）。上述结果表明，不同的教学过程可能不是对立的（如被对立分析的"传统的教学过程"与"现代的教学过程"）而是并存的，一同影响学生的数学学业成就，同时对不同学生群体的影响可能存在差别。

简评：由上述研究可以发现，教师对学生的影响是毋庸置疑存在的。同时，分析这种影响的角度是多样的（如从教师观念的角度、教师知识的角度、教师课堂教学行为的角度），且同样一个角度其研究结果可能也是多样的（如针对教龄的研究）。此外，教师影响的作用是具有差异性的（如对于不同的学生群体、不同的文化背景、不同的学科、不同的年级都会存在差异）。从方法论的角度（测量）分析，在上述关于教师课堂教学行为的影响研究中可以看到，下列变量可用于量化分析教师课堂教学实践：教师自报告的结果（基于问卷和访谈等方法），学生对教师的评价结果，课堂观察评价（包括研究者、管理者、听众等负责观察的主体）或编码的结果（可能基于某种自编或已有的评价量表或编码体系）等。这为后续的研究提供了很好的示例。（Goe，2007）许多成熟的分析工具被应用在已有研究中，如 IQA 工具，这里需要注意的是，对教师课堂教学实践的量化并不等价于对其的评价。对教师行为不带预先价值倾向的编码也为研究提供了更为广阔、客观的空间。帕拉迪和伦伯格（Palardy，Rumberger，2008）指出仅依赖于问卷的课堂教学实践分析是存在局限性的，并非始终与直接测量（如课堂观察）的结果相关。要注意到，随着现代技术的发展，录像技术被广泛地、成熟地应用于课堂教学研究［如 TIMSS 录像研究（Stigler，Hiebert，1999；Hiebert，et al.，2003）］和 LPS 研究中（Clarke，Keitel，Shimizu，2006；Clarke，et al.，2006），但在某种程度上，课堂教学的测量难度要大于学生学业成就的测量难度。（Hiebert，Grouws，2007）

按照歌德（Goe，2007）的观点，虽然以往关于教师行为与实践的研究明确了该因素的正向影响，但这类影响可能不具有统计上的或实践上的显著性意义，特别是许多研究在研究方法设计、工具的有效性和样本等方面存在不足。

非直接的、可能相对粗糙的对教学过程的测量是否具有足够的效度和信度是后续研究需要关注的问题。（Rowan，Correnti，Miller，2002）当然，即使是直接对教师教学进行观察也可能效度不高，进而减弱对教师影响的估计。（Konstantopoulos，Sun，2012）因此，设计相应的测量工具需要理论与实践的支撑，也是这类研究的难点。

## (二)产出变量：有关学生学业成就变量的使用与讨论

在综述了作为投入变量的教师变量的基础上，我们将综述作为教育产出的学生的数学学习变量。

以往的研究（不局限于数学学科）使用了多种刻画学生数学学习的变量数据。根据数据的获得方式、样本及数据的分析方式等，可归纳为：

(1)国际大尺度标准化学业成就测验数据[如 TIMSS 研究的数据（Marcoulides，Heck，Papanastasiou，2005；黄慧静、辛涛，2007 等)]和国家层面的大尺度标准化学业成就测验数据等[如 Darling-Hammond（Darling-Hammond，2000)，Monk（Monk，1994）所利用的 NAEP（the National Assessment of Educational Progress）数据等]。

(2)中等尺度标准化学业成就测验数据（如美国某些州的标准化测验数据）。（Carr，2006)

(3)小尺度的自编测验的成绩。（张文静，2009；张文静、辛涛、康春花，2010)

以上三个类型的数据通常是学生的测验分数[包括项目反应理论（Item Response Theory，IRT）分数和原始标准分等]，主要由一个单维数值刻画。

此外辛、许、龙冈（Xin，Xu，Tatsuoka，2004）针对 TIMSS 数据，利用认知诊断理论获得了学生数学学业成就的一个多维成绩。同时松村等人（Matsumura，et al.，2006）采用的 SAT-10 中的各个子分数[Total Math，Procedures，Problem-Solving(in mathematics)]也具有多维评分的意义。

除了上述学生数学测验成绩外[包括连续的分数、及格率或等级等，如斯特劳斯和索耶（Strauss，Sawyer，1986）针对考试通过率的研究]，其他的一些变量也能够在某种程度上刻画学生的学习成果，如毕业率（Goe，2007）及非认知因素：学生态度（Hanushek，1986）、自我概念（等非智力因素）等。桑德斯等人（Sanders，et al.，1994）利用美国东部某州的学生辍学率和后续升学率作为学生学习的结果变量来反映教师的影响。

上述对学生学习的多样化刻画（产出变量）表明了在后续研究中，还应考虑学生学业成就的结构性和测量评价目标的结构性，即产出的多样性，而且对教育结果应从多角度进行理解，即教育不能只关注认知的发展和知识的获取，也

要关注学生的社会情感发展及身份认同等。(Tolley, et al., 2008)

从对产出的测量角度思考该类研究的质量，首先要思考的一个问题是教育测验的结果是否等价于教育成就(Congressional Budget Office, 1986)，如学生在校的数学成绩获得是否能够等同于数学教育的全部目的，或者是否可作为其唯一的效标。

测验的质量与深入、细致程度的问题，也会影响研究质量。我们通过文献分析发现，以往的研究由于种种原因(如研究关注点、资源、专业领域不同等)对学生学业成就的刻画大多存在着不够细致、不够充分的问题，或者是缺乏效度分析(如与课程、教学的一致性有关的内容效度分析等)。以往的研究通常利用的是已有的单维学生测验分数数据(如大规模国际学业成就测验、美国某些州的学业成就测验)。

许多学者(包括学校实践工作者)认为已有的用来描述教育产出的变量仅仅是更为本质的教育产出变量的简单代表，并非是高质量的(Hanushek, 1986)，并认为学生的未来发展也许才是真正实质的教育产出。同时已有研究强调适用于"过程—结果"研究的成就应当强调与课程的契合，关注高认知水平的目标和有关创造性的成果，不应只局限在选择题的形式上。(Gage, Needels, 1989)洛克伍德等人(Lockwood, et al., 2007)基于美国数据的实证研究表明，对教师影响而言，不同的测验可能具有不同的研究结果。

莎沃森、韦布、伯斯坦(Shavelson, Webb, Burstein, 1986)强调用于过程—结果研究的反映教师影响的学生标准化测验成绩可能存在质量问题(如学生的诚信性)和局限性问题，后者会限制相关研究，使一些研究不能获得更为深刻的结果。特别需要关注的是，这些学者提出用认知心理学和心理测量学的理论与方法代替单一的概括性的分数会为这类研究提供更好的助力，如对知识结构的测量和反应类型(Response Pattern)的刻画。例如，基于认知诊断和TIMSS数据的研究可以解释为何美国一些学生成绩不佳。(Chen et al., 2008)但通过文献可以看到，遵循这类研究方向的研究很少，这也是本研究集中较大精力建构一个学生数学学业成就评价系统的基本出发点。

有研究提出了教师可能对学生在不同认知技能方面的发展产生不同影响的假设，同时将认知诊断研究的成果应用到对学生数学学习的深入(多维)刻画中，进而引入教师影响的相关研究中，从而对教师影响进行了深入研究。(Xin, Xu Tatsuoka., 2004)他们利用龙冈等人(Tatsuoka, Corter, Tatsuoka, 2004)基于 TIMSS-R1999 内容设计的认知诊断框架和方法，对日本、韩国、美国和荷兰四国的数据进行了探索性研究：规则空间理论将学生的数学分数分解为"过程技能""阅读技能"和"数学思维技能"三个维度的认知技能评价分数。虽然局限于一些教师外在信息(如教师资格证书)的结论并未反映出在三个认知维度上教师对学生学业成就影响的差异,事实上,教师资格证书因素在三个维度和测验分数方面都不存在会对学生学业成就产生影响的证据,但该研究为后续的研究提供了很好的启示。

为了获得对学生(数学)学习成果的深入、细致、高质量的刻画,莱顿、吉尔和亨卡(Leighton, Gierl, Hunka, 2004)强调认知理论对测验编制(学生学业成就评价的基础)的指导性作用[如认知设计系统(Cognitive Design System)(Embretson, 1998)]。在不同教育教学目标指导下,学生的数学学习目标可能有所不同(特别是在国际比较的背景下)。数学学科的知识内容在各个教育阶段都可以分为不同的知识领域(如"数与代数""图形与几何""统计与概率"),知识也分为不同的维度类型[如事实性知识、概念性知识、程序性知识与元认知知识等(Anderson, Krathwohl, 2001)],同时在知识领域维度内部也存在不同水平的教学与认知要求[如记忆、理解、应用、分析、评价、创造(Bloom, 1956;Anderson, Krathwohl, 2001)]。认知、认知测量、认知诊断、认知评价等领域的研究对这些内容也多有涉及(Zhou, Lehrer, 2010;Olson, Martin, Mullis, 2008),特别是 TMISS 研究报告了学生在不同的知识领域与认知领域的学业成就。(Olson, Martin, Mullis, 2008)

从这个意义上说,对学生个体单维度量化的评价往往并不能全面反映学生数学学业水平,特别是仅仅采取项目得分和的形式,即学生的学业成就是整个认知结构及其变化,而不仅仅是单维度的分数。单维度的总分无疑难以系统、全面地刻画教师影响的差异性。(Campbell, et al., 2003)这里也包括经典测量理论(真分数理论)使用原始分数所带来的问题,如等距量表的问题。(Embretson, Reise, 2000)

需要特别关注的是,基于心理测量学中的认知诊断理论(Cognitive Diagnose Theory)的测验设计[如规则空间理论(Rule Space Theory)],为精确、细致、深入地评价学生的数学学业成就水平提供了很好的基础,如李峰等人(李峰、余娜、辛涛,2009)基于规则空间模型方法编制的小学四、五年级数学诊断性测验(先验的试卷设计),戴海崎、张青华(2004)的后验试卷分析也是基于认知诊断理论的模型。(Gierl, Wang, Zhou, 2008)

认知诊断理论的重要思想是,在心理测量过程中整合认知心理学的理论,进而实现对不同认知结构的精细区分与判别,从而为后续改进教学及进行补偿性教学提供依据与方向,如有针对性的教学补偿和个性化的教学辅导。(Sheehan，1997)该类理论特别有助于完善传统的 CTT 与 IRT 理论仅以单维顺序变量刻画学生能力的不足(辛涛、焦丽亚，2006)，测量学生在某一领域的认知结构，从而保证测验对不同认知类型学生的刻画与区分，进而影响对教师因素的测量，如莎沃森、韦布和伯斯坦(Shavelson，Webb，Burstein，1986)提出的研究方向及辛等人(Xin，Xu，Tatsuoka.，2004)实施的重要工作。

按照哈夫和古德曼(Huff，Goodman，2007)的综述观点，认知诊断的重要起点是 Embretson 在工作中将认知心理学理论的发展应用到测量理论中。对于认知诊断理论，学者们提出了多种理论模型，如 DINA 模型、NIDA 模型、DINO 模型、Fusion 模型(Gierl，Cui，Zhou，2009)，以及已经被应用于教师影响研究中的规则空间模型(Rule Space Model，RSM)。(Tatsuoka，1983，2009；Xin，Xu，Tatsuoka，2004)龙冈(Tatsuoka，1983；2009)在规则空间模型中提出的 $Q$ 矩阵概念已成为重要的分析工具，在多个模型中都有基础性的应用。

当然，测量评价中学阶段的数学学业成就有多种方法，除传统的有时间限制的纸笔测验(Pencil-Paper)外，还包括口试、论文(研究报告)、作业、表现性评价、档案袋、课堂观察等被称为"替代性评价方法"(Alternative Assessment Methods)的评价方式，这些都逐渐引起了教育工作者的关注。(任子朝、孔凡哲，2010)

虽然传统纸笔测验无法高效地评价全部教育教学目标[包括学生的概念理解、高级思维(High-Order Thinking)和创造性、问题解决能力及交流技能]，但面对基于大样本的学生学业能力水平测验的需要，人们仍然认为传统纸笔测验具有基础性的意义，能够为先期获得教师影响的基本结果提供基础。对更高级认知水平的精确测量(如我国课程标准中提到的"灵活应用"层面)及相应的教师影响结构，可以在未来研究中加以处理。

在讨论个体学生的数学学业成就存在不同维度的同时(横向维度)，也需要注意不同学生的认知水平、认知风格也可能存在差异。也就是说，在学生群体中可能存在按照多个不同的个体认知维度分类的多个子群体，最典型的就是通常所说的优等生群体、中等生群体和后进生群体(Campbell，et al.，2003)，也包括需要特殊教育(学习困难)的学生群体。(左志宏、邓赐平、李其维，2008；Vaughn，Fuchs，2003；钱志亮，2006)我们应当考虑不同学生群体认知结构间的系统性差异。

## (三)刻画投入与产出变量关系的统计学方法

从研究的分类上看，基于自然状态教学的无干预调查研究和实验研究都被应用于有关研究之中，其中，实验研究相对统计分析技术可能能更好地反映变量间的因果关系（Gage，Needels，1989），如德克尔和迈耶（Decker，Mayer，2004）基于教师培训项目的实验研究，以及利瓦什等人（Lipowsky，Needels.，2009）基于德国与瑞士的数据和勾股定理内容的准实验研究。当然，实验研究也受到样本量等资源的限制，不易取得大样本调研获得的相对具有普遍适用性的成果，同时实验研究分析与检验的变量有限，不如用统计方法处理时那样高效。因此，首先借助大样本调研获得基础性成果，然后通过教学实验获得更为深刻的研究成果的结论无疑是重要的〔特别是因果关系（Gage，Needels，1989）〕。

统计模型：多个统计模型被应用于以往的研究中，如（多元）回归模型（Hanushek，1986）〔包括方差分解模型（Variance Decomposition Model）（McCaffrey，et al.，2004b）〕、因素分析与路径分析模型（结构方程）（Marsh，1982；Schacter，Thum，2004）、列联分析（Sanders，et al.，1994）。

其中，回归模型是流行的统计分析工具。哈努塞克（Hanushek，1986）、劳登布什和布雷克（Raudenbush，Bryk，1986）质疑简单的回归模型会造成"影响"估计的偏差，提出应基于当时已经得到发展的多水平模型（Multiple Level Model）。统计理论的进一步发展，特别是操作方便的统计软件的开发（如HLM系列软件），为多层线性模型（Hierarchical Linear Model，HLM）在教师影响研究中的流行奠定了基础。当然，众多技术问题仍然存在（Carter，2008），特别是技术选择问题，如控制学生水平变量的系数的固定与变化，即学生水平变量与学生学业成就的系数是整体不变还是随着教师（班级）的不同而发生改变的技术选择问题（Shavelson，Webb，Burstein，1986），以及具体模型细节的选择等问题。（Raudenbush，2004）

在早期研究中，应用 HLM 的工作包括劳登布什和布雷克的研究工作。（Raudenbush，Bryk，1986；Mclean，Sanders，Stroup，1991）

此外，沙克特等人（Schacter，Thum，2004）利用路径分析（结构方程）的思路构造了如图 1-4 所示的教师影响的路径分析结构图。

结构方程模型（Structural Equation Model，SEM）是处理社会、心理研究中涉及的，不能准确、直接地测量的变量〔称为潜变量（Lantent Variable）〕的一个包含面很广的数学模型。人们可以分析出一些涉及潜变量的复杂关系。

结构方程的整体性估计特点在某种程度上发展了希伯特等人（Hiebert，Grouws，2007）强调的教师效能研究应当将"教"看作是一系列相互作用的特征系统的观点。

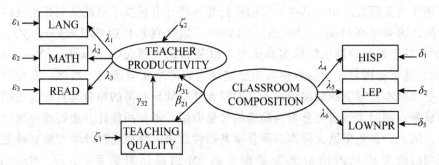

**图1-4 教师影响的路径分析结构图**

在进行统计分析的过程中，人们需要注意到各因素内部本身也存在一定的内在因素层次结构，可定性分类，如教师的课堂教学实践就可分为多个维度（Junker，et al.，2006；卢谢峰，2006）；教师知识与技能的结构，如教学内容知识—学科知识——一般教学知识的基本结构（Shulman，1986）等；对缄默知识或实践性知识的刻画（Polanyi，2015）；教师教龄的组成（如在不同等级学校的任教时间）。

从测量的角度看，对教师因素的量化、分层次描述也有粗细之分。例如，仅统计教师间的交流频率与包含对教师交流内容与方式分层的细致刻画之间的差异（Coburn，Russell，2008）；仅统计参加教师专业发展（培训）活动的频率与包含对教师专业发展的活动内容、组织方式、考核方式、基本特征，甚至是教师学历背景的细致刻画[从单纯的学历层次到专业背景与课程学习（教育与数学、综合与师范）]之间的差异。从这个意义上说，教师因素是结构性的，对学生数学学业成就水平的影响研究也应该是多水平的、结构性的。这也是一般的教育投入产出研究中教师因素部分不足的地方（鉴于模型复杂性、数据收集、专业方面的原因，这些对教师因素的刻画往往过于简单，集中在教师的人口学特征层面，且未进行精细刻画，这无疑不利于对教师影响的全面刻画及对结果的广泛应用）。同时，缺少来自课堂教学的直接证据（如录像分析等），也不利于更好地刻画教师变量。（Campbell，et al.，2012）

需要注意的是，并非所有的研究都依赖于将能够测量的教师变量作为前变量，统计方法提供了从诸多影响学生学业成就的因素中，整体地分离出教师影响的方法。有学者将这类研究列为教师影响研究的另一个基本视角（Konstan-topoulos，Chung，2011），也就是在多层次分析中，利用方差分解技术处理学生学业成就数据或利用分层方差的解释率$\left(\dfrac{\text{Variance}_{\text{Level}_2}}{\text{Variance}_{\text{Level}_1}+\text{Variance}_{\text{Level}_2}}\right)$来量化教师影响。

罗恩等人（Rowan，Correnti，Miller，2002）利用方差分解的技术，结合增值模型（Value-added Model，VAM）获得的结果是：在无控制变量的前提下，12%～23%的学生的阅读成就和18%～28%的学生在数学成就（因年级的不同而不同）（基于 Prospects：The Congressionally Mandated Study of Educational Opportunity 的数据）上的变异可以在课堂层面上得到解释，转换成 d-type 的影响尺度为 0.35～0.53。在考虑学生成绩增值的背景（以原有成绩为协变量）及家庭和社会背景之后，对教师影响的估计结果变为阅读成就的 4%～16%，数学成就的 8%～18%，换算成 d-type 的影响尺度为 0.21～0.41；在考虑将学生成绩的增值作为因变量（同时控制相关变量）之后，其结果为阅读成就的 3%～10%，数学成就的 6%～13%，换算成 d-type 的影响尺度为 0.16～0.36。

可见，增值模型很好地为教师影响研究提供了精确、整体地从学生的学习成就中提炼教师影响的基础。这类模型的重要特征是实现教师与学生的对应，即将特定的教师与特定的学生在特定阶段对特定科目的学习联系起来，从而获得更为合理、精确的分析结果。增值特指通过学生在一定阶段的知识增长来评价学校或教师，也可泛指所有利用学生先前的知识或能力进行矫正的模型。

例如，迈耶（Meyer，1997）从学校影响的角度给出的基本模型：

$$\text{PostTest}_{is} = \theta \text{PreTest}_{is} + \alpha \text{StudChar}_{is} + \eta_s + \varepsilon_{is} \text{。}$$

其中，$i$ 指标代表学生；$s$ 指标代表学校；$\text{PostTest}_{is}$ 代表学生 $i$ 在某个学段（某个年级、学期，如二年级）结束时的成绩；$\text{PreTest}_{is}$ 表示其在上个学段（如一年级）结束时的成绩；$\text{StudChar}_{is}$ 代表个体或家庭层面的且被认为会影响学生学业成就的非学校因素；$\theta$ 和 $\alpha$ 是需要估计的模型系数；$\eta_s$ 是需要估计的学校层面的影响，也就是整体概括的学校影响（包括可观察到的和不可被观察到的）。

显然，上述基本模型是一个两水平的 HLM，可以追踪学生在若干个学段的学习轨迹和相应的教师影响。由这个基本模型可以看到，学生以前的成绩被作为协变量，从而提炼出教师对学生特定学习阶段的影响，这称为协变量校正模型（Covariate Adjustment Model）。需要特别指出，当学生在不同阶段的测验成绩可以通过某种技术（如 IRT 理论）转化到同一个量尺上时，这样两个阶段（如二年级和一年级）测验成绩的差值即可作为学生在相应阶段学业成就增长的刻画，如麦卡弗里等人（McCaffrey, et al., 2004b）综述的模型。

在实际过程中，教师往往不宜简单地与学生某个特定的学习阶段建立联系，如学生中途转班、转学，中途更换教师或一个科目被多个教师教授（如数学分为代数部分和几何部分）等，这就需要更为复杂的模型来刻画。特别是当考虑到前一个学段的教师对学生后一个学段学习"积累"影响的时候，就需要更为精致的模型来加以描述。

例如，麦卡弗里等人（McCaffrey，et al.，2004b）给出的模型[①]：

$$y_{i0} = \mu_0 + \beta'_0 x_i + \gamma'_{00} z_{i0} + \sum_{k=1}^{M} \lambda_{i0k} \eta_{0k} + \varepsilon_{i0}。$$

其中，$\eta_{0k}$ 表示学校中第 $k$ 个学校的水平；$\lambda_{i0k}$ 表示 0 年级中学生 $i$ 在学校 $k$ 中学习的时间占整个学年的比例；$x_i$，$z_{i0}$ 是学生成绩的协变量。$x_i$ 是学生的固定属性，假设不随时间变化，如民族、性别等。$z_{i0}$ 是学生可能随时间变化而改变的量，如课外补习教育等。

若考虑前一个学段的教师对学生后一个学段学习"积累"影响的时候，则模型变为：

第一年，$y_{i1} = \mu_1 + \beta'_1 x_i + \gamma'_{11} z_{i1} + (\omega_{10}\lambda'_{i0}\eta_0 + \lambda'_{i1}\eta_1) + \varepsilon_{i1}$；

第二年，$y_{i2} = \mu_2 + \beta'_2 x_i + \gamma'_{22} z_{i2} + (\omega_{20}\lambda'_{i0}\eta_0 + \omega_{21}\lambda'_{i1}\eta_1 + \lambda'_{i2}\eta_2) + \varepsilon_{i2}$。

显然，系数 $\omega$ 表示之前的学校对学生成绩的影响。

在增值模型的背景下，针对近来教师影响的一些特点，康斯坦托普洛斯（Konstantopoulos）和同事进行了较为深入的讨论，主要的关注点为教师影响的持续性，即先前的教师是否会影响到学生后续的学业成就，基于 STAR 项目数据的研究结果表明，从幼儿园到五年级教师在这个阶段对学生产生的影响会持续并影响学生在六年级的学业（与数学、阅读和科学科目的结果相一致）。（Konstantopoulos，Chung，2011）这种持续性在小学早期会持续三年以上（Konstantopoulos，2007），同时在不同的学生群体（如高学业成就的学生群体与低学业成就的学生群体）中会表现出一致性。（Konstantopoulos，Sun，2012）

增值模型在美国教育界得到了广泛关注，特别是在 *No Child Left Behind* 法案强调学生学业成就达成的政策背景下。（Lockwood，et al.，2007）

当然，有研究指出（Newton，et al.，2010）增值模型也存在一些不足，

---

① 在本文的引用中为与 Meyer（Meyer，1997）模型相对照做了简化，忽略了教师层面的影响，保留了学校层面的影响。

特别是在对教师进行评价并进行高利害（High-Stake）决策时。因此，对统计模型背后的研究假设进行细致、谨慎的讨论是非常有必要的。（Rothstein，2010）

麦卡弗里等人（McCaffrey, et al., 2004a）也强调了 VAM 估计的教师影响很可能包含更为广泛的信息，将同一班级中学生之间的成绩的同质性都归因于教师因素可能会扩大教师的影响（其来源可能包括同伴影响）等，同时提出对 VAM 的未来研究方向，包括建立完整的数据库、开发相应的计算机软件、结合其他指标作为教师效能的结论，以及设计基于（或参考）VAM 结果的决策系统等。

差异性模型：若干年的研究积累表明，许多教师因素可以影响学生的学业成就。同时，已有研究表明，这些影响可能是因年级、学生、科目的不同而不同的。（Brophy, Good, 1986）

坎贝尔等人（Campbell, et al., 2003；2012）基于已有的研究成果，提出了针对教师影响研究的差异性教师效能模型（A Differentiated Model for Teacher Effectiveness），即强调探讨教师的效能应当考虑到不同的情形，提出以下效能差异性模型来源的 5 个可能的维度。(1)教师的不同活动（超越课堂的活动）；(2)不同的学科和学科的不同组成部分；(3)不同背景的学生（能力、年龄、性别、社会经济状态等）；(4)不同个性特征的学生（认知学习风格、动机等）；(5)不同的社会文化和组织环境背景。

这个模型的观点得到了牛顿等人（Newton, et al., 2010）的支持。该模型构造了一个教师影响研究的理论框架。

康斯坦托普洛斯和孙（Konstantopoulos, Sun, 2012）发现教师影响在四年级学生的不同群体中存在差异（高学业成就学生和低学业成就学生）。扎哈罗夫、采科和卡诺伊（Zakharov, Tsheko, Carnoy, 2016）利用 2007 SACMEQ 数据发现不同国家的教师影响存在差别，教师对不同性别的学生和不同社会经济状态的学生的影响也会出现不同。罗恩、科伦蒂、米勒（Rowan, Correnti, Miller, 2002）基于 HLM 讨论了教师影响在不同科目、不同年级中的差异。有研究者（Nye, Konstantopoulos, Hedges, 2004）发现，教师影响在低社会经济状态的学校中存在更大的变异。

控制变量：由学生水平变量引起的测量偏差的另一个缘由是教师与学生并非随机组合的，有经验的教师可能会被安排给有高学业成就基础的班级，或有高学习动机的班级和学生，因此有经验的教师带来的教师影响测量上的某种优势会影响研究效度。（Kane, Staiger, 2008；Konstantopoulos, Sun, 2012）从本质上讲，是否在实验背景下开展研究会造成差异，这也会带来以上问题。从而需要在控制学生变量的时候，考虑到教师与学生非随机分配的因素，有研究者（Kane，Staiger，2008）的研究结果表明，控制学生变量的方法是可取的（虽然也会出现一定的偏差）。

面对更为复杂的教育情境［如考虑班级文化层面对学生学习的影响或考虑一些统计假设的变化（Rowan，Correnti，Miller，2002）等］，还需要应用更为复杂、精细的模型。

此外，增值模型可以获得对教师影响更为精致的刻画，如桑德斯（Sanders，1998）的研究表明，教师的影响是有累积性的，收到"高—高—高"的跨年度的教师序列的学生学业成就大约比收到"低—低—低"的教师序列的学生学业成就高50百分点。

罗恩等人（Rowan，Correnti，Miller，2002）指出：单一的学生在某一时间点的成就可能来自其之前的各种经验，而非仅来自其当前的任课教师，同时也会受到学校外面因素的影响。从这个意义上来讲，上述模型考虑到的另一个因素是剔除学生的家庭、课外学习等非学校或教师因素的影响，即将上述变量作为学生水平的控制变量纳入模型中，如 Meyer 模型中的 $StudChar_{is}$。（Meyer，1997）特别地，应用统计方法控制学生本身因素（如已有的学习基础、智力水平、班级风气及家庭因素）的影响，并从中分离出相对纯粹的教师因素（当然也包括其他的因素，如学校因素），从某种程度上来说已成为研究的基本思路。（Xin，Xu，Tatsuoka，2004；张文静，2009；Nye，Konstantopoulos，Hedges，2004；Baker，et al.，2001；Marks，Louis，1997）已有研究发现了控制相关的学生水平变量时研究结果的差异，采用了许多的刻画影响学生学习的非学校因素的变量，如黄慧静、辛涛（2007）利用 TIMSS 2003 中学生问卷数据展开讨论（包括学生的年龄、性别、家庭藏书、完成作业时间等因素），发现前述变量展示出了很强的预测力。另外，某些非智力因素对学生学业成就的影响也可能成为潜在的影响模型的因素。（喻平，2004）其中，很常见的学生层面的控制变量就是学生的社会经济状态，如有学者（Zwick，Green，2007）针对 SAT 测验与 SES 因素的相关关系进行了研究，也有学者（Ballou，Sanders，Wright，2004）强调控制学生背景。ICME12 也成立了"Socioeconomic Influence on Mathematical Achievement"调查小组。有研究者（Wang，Li，Li，2014）综述了 SES 与我国学生学业成就的关系，特别是文化的影响。

需要注意的是，部分研究表明（谢敏、辛涛、李大伟，2008），在各个协变量中，课外补习部分对精确获得教师影响的结果有着重要意义（特别是在亚洲国家文化的背景下)。以上许多研究考虑到诸多教师因素,都集中于研究正式学校的教师对其学生学业成就的影响,与此同时,不能排除补习学校教师(如家庭教师、补习学校的任课教师)对学生数学学业水平产生影响的可能,特别是在东亚文化的背景下。(Wang,Guo,2017)或者广义地说,教师影响应包括正式学校教师影响与补习学校教师影响两个方面,这样才能全面囊括学生数学学业水平的教师影响来源。在补习学校中进一步学习已经成为一种国际现象,并且成为现代学校教育的一个特征。(Baker,et al.,2001;Bray,2010)有研究表明,补习学校对中国台湾小学生的数学成绩有影响,且是多面的(如提高运算水平,但机械学习影响概念发展)。(Huang,2004)从这个意义上讲,若能够获得学生在补习学校的学习状况数据作为回归模型中的控制变量,则可以更好地对正式学校教师的影响尺度进行估计。这里需要说明的是,补习学校(包括家庭教师)的教育相对正式学校的教育有其特殊性,如非日常化的班级、即时性的教学(即来、即学、即走)。这使得我们有理由预测补习学校的影响主要来自课堂教学,即教师的影响。甚至有学者将补习学校的影响等同于教师影响,而忽略其他因素(如学生间的影响、学校环境的影响)。

当然,对不同的使用者,可能存在不同的研究方法,如控制学生变量的方式主要关注教师实践为教育理论研究和实践工作者服务,若未控制学生变量而探讨整体的教师(班级)差异,可以为学生家长等社会角色的决策提供参考(如择校)。劳登布什(Raudenbush,2004)区分了 Type A 与 Type B 两种不同的影响[1],很好地介绍了上述问题。

Type A:$A_{ij}=P_{ij}+C_{ij}$,包括学校(班级)、环境(组织效应与同伴效应等)(C)和教学实践(P)的影响;

Type B:$B_{ij}=P_{ij}$,主要关注教学实践(P)的影响。

在研究中,需要强调以下几点:(1)Type B 的获得(虽然具有很大的挑战性),以便为教师工作决策提供支持;(2)研究结果应用的谨慎性;(3)研究结果应与其他研究结果一起组成"证据链",共同服务于有关教育实践的决策(特别是高利害、高风险的决策)。

## 三、简评

在教育生产函数的框架下综述已有研究成果时,可以看出已有研究中的一些问题和未来教师影响研究的可能发展方向。

---

[1] 虽然是基于学校影响提出的。

　　由于这类研究对数据的要求较高，特别是要求教师变量与学生变量相对应，且获得数据所消耗的资源较多（如课堂观察、学生测验等），使研究备受数据限制。数据有限使得研究的系统性和质量均受到影响，特别是当收集数据的初始目的与分析方法有差异时，研究会依赖于现存的"方便"数据，而非基于一定理论概念模型而有针对性地收集的数据。

　　已有研究大多采用单维分数来刻画学生学业成就，不够全面、深入。学业成就数据往往是已有数据库中的"方便"数据（可能基于不同的目的来采集），缺少效度分析（特别是与常态教学实践及特定教学理念的一致性）。

　　在分析教师因素的多层次性和多维性的同时，鉴于教育决策与教育理论研究的需求［如针对性地安排教师、教师评价、教师资格认证（Kane，Rockoff，Staiger，2008）、教师价值的理论研究等］，需要一个相对细致又全面的研究。已有的典型研究包括著名的、已经形成政策与法律基础的《科尔曼报告》（Coleman，et al.，1966；Coleman，1990）和完全依赖学生变量的重要增值模型——Tennessee Value-Added Assessment System（TVAAS）（Sanders，Horn，1994；Sanders，Wright，Horn，1997），以及 Carroll 模型（Carroll，1963；1989）。也有学者（Carter，2008）从教师的质量与效能角度进行了较为系统的研究。

　　在教师影响研究中，不可忽视的是对统计数据的分析结果的理解，除了由于统计方法（如相关关系可能并不代表因果关系）、抽样方法（包括样本的代表性）、系统误差等原因引发的理解问题外，更重要的是认识到统计的结果不能完全代替教育研究的结果（Aron，et al，2005），特别是基于大样本的推断统计不易保证研究结论的深刻性，即统计结果所产生的深层次原因不易直接由统计结论展现出来，而需要在一定的教育理论的支持下给出统计结论的教育学解释，同时也需要用质性研究方法对量化研究方法在深刻性方面的不足进行必要补充。

　　此外，考虑已有研究所采用的理论和观念，这些理论和观念上的认识差异也可能是因国家、地域文化不同而产生的。教育作为一种社会现象，必然受到文化、国情等因素影响，具有鲜明的国别（文化）差异。不同国家的教育目标、教育哲学、教育价值观，乃至教育所依存的社会背景与教学实践各不相同（Leung，1995；Clarke，Keitel，Shimizu，2006；Clarke，et al.，2006）。同时，学业成就的组成也可能存在国家或文化的差异。有研究（Tatsuoka，Corter，Tatsuoka，2004）利用 20 个国家的 TIMSS-R 数据，基于规则空间的认知诊断理论，发现不同国家在数学成就的不同维度上存在差异。因此，应当关注教师影响因素相关研究结果在国际推广时是否具有普遍的适用性。例如，教师资格认证制度、方式、条件和执行情况的国别差异（Frederick，et al.，2015），以及具有一定中国特色的班主任身份因素对研究结论的影响。按照通常教育教学实践中的经验，担任班主任工作的数学教师对其所管理班级的数学成绩有重要影响，即所谓班主任效应。（陈芸，1996）这一因素甚至可能会对结果产生本质性的影响。（谢敏、辛涛、李大伟，2008）因而需要避免在教育决策时因结论的不可推广性而可能造成的失误。特别是在比较教育的视角下，各文化系统背景内的专门研究需要具备"可比"的前提，以为更深刻的具有理论与实践意义的跨文化研究成果提供基础。

从这个意义上说，基于我国教育文化和国情背景，从我国的教育观、教学观和教师观出发开展实证研究就显得十分必要。目前，国内对该论题的量化研究相对较少，北京师范大学的研究团队在这方面做了很多的工作。（谢敏、辛涛、李大伟，2008；黄慧静、辛涛，2007；张文静，2009；等等）

此外，在强调（准）实验与非实验（调查）研究等量化研究方法的同时，也应当重点考虑对教师影响的描述性测量（Rubin，Stuart，Zanutto，2004；Konstantopoulos，Sun，2012）。

# 第四节 研究问题

本研究尝试将上述差异性模型从侧重教师评价的教师效能研究拓展到更一般的、更加中性的教师影响研究中（Brophy，Good，1986），这也是本研究理论模型设计的基础，因为强调单一的模型无法全面、系统地刻画教师影响的基本情形，需要参考不同的背景，如文化背景、学生情况、学科差异［包括同一学科不同内容间的差异（如代数和几何）等］，对不同群体学生的影响差异（Gage，Needels，1989），如有学者（Sanders，1998）的研究结果表明，低学业成就的学生在教师效能水平提高时先获益；麦克唐纳（McDonald，1976）的研究结果也表明，教师影响在年级与学科之间具有差异性。

基于上述对该类研究中基本问题、基本范式，以及仍需进一步讨论的问题的分析，提出本研究的研究思路，即呼应坎贝尔等人（Campbell，et al.，2003；2012）关于差异性教师影响模型的研究路径，针对已有研究对学业成就的刻画不足，遵循莎沃森、韦布和伯斯坦（Shavelson，Webb，Burstein，1986）提出的将心理测量学应用于教师影响研究的研究范式。

　　具体的研究问题为：数学教师对学生数学学业成就的各个方面产生了什么样的影响，该影响具有什么样的结构？可分解为三个子问题：(1)对学生数学学业成就的测量。(2)对教师变量的测量(如教师课堂教学变量的测量)。(3)教师层面的各个变量对学生数学学业成就的影响如何？这种影响有什么样的结构？是否在不同数学内容和不同认知水平上存在差异，即是否需要用差异性模型来刻画教师影响？

# 第二章 研究设计

前文概述了国内外教师影响相关研究的研究内容、研究方法、研究结论等议题，讨论了该研究主题的发展方向，并提出了本研究的研究问题。本章将说明本研究所构建的基本理论框架、基本研究方法和研究工具设计。

## 第一节 基本理论框架

本研究强调教师影响的中性概念（Brophy，Good，1986），强调研究结果的基础性和非决策性。这与希伯特等人（Hiebert，Grouws，2007）提出的"研究教对学的影响的研究应当有明确的作为何种知识基础（Knowledge Base）的期望"的观点并不相符，但这使得本研究具有更为广阔的空间，可以为更多的、更广泛的理论研究与实际应用提供实证基础。

在考虑以教师课堂教学为核心的教师影响因素的变量结构的基础上，并行考虑教师的人口学特征因素和教师内在心理特征等因素的间接影响与预测作用（如教师的受教育水平、教龄等），即前文综述过的所谓前变量。具体是将组成课堂教学实践（Instructional Practice）的各个因素作为核心的过程变量，同时将教师的人口学特征和内在心理特征变量，如教龄、受教育水平、教师知识等作为理论模型的前变量。

基于莎沃森、韦伯和伯斯坦（Shavelson，Webb，Burstein，1986）提出的将认知心理学和心理测量学的理论与实践应用于教师影响研究之中的观点，以及辛等人（Xin，Xu，Tatsuoka，2004）将认知诊断应用于该类研究中的思路，拓展坎贝尔等人（Campbell，et al.，2003；2012）的差异性教师影响模型研究，在学生方面将设计基于课程教学的七年级数学学业成就测验，并会特别考虑到认知诊断理论的应用。测验设计遵照样本学区当时所使用的数学课程标准对数学教学的要求，依据认知诊断理论和项目反应理论，编制七年级学生数学学业成就评价测试卷，力争保证量表对不同学生知识状态（Knowledge State）（Tatsuoka，2009）有较好的区分度，对不同内容、不同水平知识进行测量时有较好的内容效度（Content Validity）[特别关注课程的契合度问题（Gage，Needels，1989）]，同时特别考虑将学生家庭的社会经济状态、课外学习资源情况，以及学生与学校的分配情况等因素作为学生水平的控制变量。

在这个基础上，使用多层线性模型（Raudenbush，Bryk，2002；Luke，2004；O'Connell，McCoach，2008）与结构方程模型（Wright，Sewall，1921；Kline，2005）分析结构性的教师因素对结构性的学生因素的统计意义上的影响。

由于各个变量之间的结构性关系，结构方程模型中的路径分析结构有助于系统地理解、刻画各变量之间的直接或间接的影响关系（Kline，2005；Mao，2010）。基于各变量之间的关系分析与假设，参考科勒和格劳斯（Koehler，Grouws，1992）给出的基本分析框架，获得如图 2-1 所示的假设的路径分析模型（Path Analysis Model）。该模型将基于数据分析的结果进行检验，进而形成相应的经验模型。

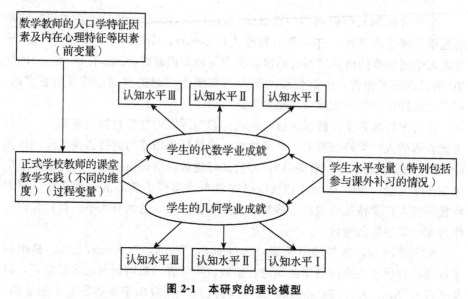

**图 2-1　本研究的理论模型**

# 第二节　教师与学生变量的测量模型设计

本节将概述本研究作为教育生产函数模型的投入（教师）、产出（学生）变量的概念及测量模型设计。

## 一、学生数学学业水平的测量模型设计

针对本研究对学生数学学业水平测量的要求，下面将有针对性地设计我国七年级学生数学学业水平测试工具。

### (一)设计概述(理论基础与技术路径)

洛克伍德等人(Lockwood，et al.，2007)强调了不同的测试可能造成的结果差异，莎沃森等人(Shavelson，Webb，Burstein，1986)、盖奇和 Needels (Gage，Needels，1989)均强调用于教师影响研究的测试设计需要切合课程(特别应切合教学的情况)。本研究强调切合课程与教学进行测试设计，因而从研究伊始就基于我国七年级数学课程设置和课堂教学的实际情况展开设计。

基于各角度考虑，七年级数学学习评价既应是形成性评价(Formative Assessment)，又应是终结性评价(Summative Assessment)。(Bloom，et al.，1971)这是因为在整个初中阶段的数学学习，乃至整个基础教育阶段的数学学习的视角下，该评价是学生在一个连贯性数学学习过程中的一个阶段性评价，即形成性评价。遵循全面性的质量要求，需要寻找能够细致、全面并且深入刻画学生数学学业成就的方式替代传统的单一原始分数的评价方式。从心理测量的角度来看，认知诊断理论的现代发展，包括各类高效的软件和运算方法的开发，为满足上述需求提供了很好的方式。因此，本研究尝试应用认知诊断的相关理论[如属性层次方法(Attribute Hierarchy Method，AHM)(Leighton，Gierl，Hunka，2004)]实现对不同认知结构的精细区分与判别，以获得对学生学业成就细致、深刻的刻画，进而为精确刻画教师影响提供基础。此外，从七年级数学学习过程本身来考虑，其评价需要具有终结性评价功能，从而方便人们将其作为阶段性学习的总结。从这个意义上来说，就需要构造对学生在各个认知水平上都有较好的能力估计精度和对不同能力水平的学生有区分度(Embretson，Reise，2000)的测试项目。

基于以上对学生数学学业成就水平测试性质的分析，测试设计的基本模型为在认知设计系统(Cognitive Design System Approach)(Embretson，1998)体系框架下综合运用教育目标分类模型、项目反应理论模型和规则空间模型。

认知理论中清晰的概念对题目的开发十分有益，特别是可以弥补传统的项目设计在关注内部一致性效度的同时对结构效度(Construct Validity)缺乏关注的不足。(Embretson，1998)

如何完成基于认知诊断理论的测试设计，其核心部分在于认知属性的确定，即提供认知理论指导心理测量的认知理论基础。(Leighton，Gierl，

Hunka，2004）

对于"属性"一词，学界有多种描述，但仔细考察不难发现，这些描述之间并没有本质区别。综合龙冈（Tatsuoka，2009）、莱顿等人（Leighton，Gierl，Hunka，2004）的观点，属性可以被认为是一般性的知识与认知技能，或程序与陈述性知识。在课程标准的背景下，也可认为属性就是具体教学目标（条目）。基于对各个属性的掌握情况（掌握与不掌握）的描述（知识状态）也可以获得对总分（如 IRT 得分）更为详细的描述。龙冈（Tatsuoka，2009）的研究结果表明，在重测中属性层面的稳定性要高于题目层面的稳定性（属性层面提供了对学生更为稳定的测量）。莱顿等人（Leighton，Gierl，Hunka，2004）特别强调属性的认知心理学特征，即属性间的（层次）关系。

有研究（Tatsuoka，Corter，Tatsuoka，2004）给出了一套分析数学试题的框架，包括内容属性（如数与整数的基本内容和运算等），过程属性（如算术与几何知识的计算应用），技能属性（如使用图形与表格、近似与估计等）。比伦鲍姆、龙冈和山田（Birenbaum，Tatsuoka，Yamada，2004），多根和龙冈（Dogan，Tatsuoka，2008）利用相同的框架进行了类似的研究。学界也给出了多种设计和确定属性的方式，如题目分析（学科专家完成）和学生在解题过程中的出声思维等。（Leighton，Gierl，Hunka，2004）

本研究是依据我国数学教育的实践情况设计的学生测试和教师影响研究。因此，测试的属性设计应基于课程标准中的教学目标（带有标准参照测试的特征），而不是上文所介绍的具有相对一般性的属性。对于如何获得基于课程标准的属性结构（实际上是建构本研究的认知理论结构），下文将给出具体分析。

布鲁姆（Bloom，1956）的教育目标分类学（这里主要应用其在认知领域的内容）将教育目标纳入由知识与认知两个维度组成的二维网格，增进了人们对目标的基本理解（Anderson，Krathwohl，2001），同时也为刻画测量所需要的认知结构（特别是认知结构的层次）提供了一定的依据。从数学学科教学的角度来看，许多具体的工作都给出了目标分类模型，特别是认知维度在数学学科中的应用。例如，基于题目的认知需求而刻画题目的不同水平（Stein，Grover，Henningsen，1996）、多维的项目水平分类方法（鲍建生，2009），以及其他对数学内容目标的层次性描述。（Zhou，Lehrer，2010；Kleine，Jordan，Harvey，2005a，2005b）

希伯特等人（Hiebert，Grouws，2007）强调在教与学的联系的研究中应当明确学习的目标，基于我国数学教育现状，本研究将我国义务教育课程标准作为数学学习目标。

我国义务教育课程标准具有明显的教育目标分类学处理的特征，从而为以其为基础的七年级学生数学学业成就评价(标准参照性评价)提供了良好的测试蓝图(Testing Blueprint)基础。特别是课堂中对行为动词的刻画实际上给出了一个对教学目标的认知水平的描述，对测试中的认知水平的考查在数学教育测量与评价中有着很好的研究传统。基于认知水平分析规划出的课程内容和教学层次可以促进数学教学。(周超，2009)

从数学任务的角度来看，有多项研究关注水平分类的话题，已有的研究提供了丰富的(认知)水平分析框架，甚至已经成为数学教育研究的一类基本范式。

斯坦等人(Stein，Grover，Henningsen，1996)对数学任务的四水平分析[①]如下。

1. 记忆型任务

包括对已学过的事实、法则、公式和定义的记忆重现或者把事实、法则、公式和定义纳入记忆系统。不使用程序解决，因为不存在某种现成的程序或因为完成任务的限定时间太短而无法使用程序。模糊——这种任务包括对先前见过的材料的准确再现及再现的内容可以明白而直接地陈述。与隐含于已学过的或再现的事实、法则、公式和定义之中的意义或概念无任何联系。

2. 无联系的程序型任务

算法化。程序的使用要么特别需要，要么明显基于先前的教学、经验或对任务的安排。成功完成任务需要的认知要求有限，应该做些什么和如何做几乎是一目了然的。与隐含于程序之中的意义或概念无任何联系，更强调得出正确答案而不是发展数学理解。不需要解释或需要的解释仅仅是对解题程序的描述。

3. 有联系的程序型任务

为了发展对数学概念和思想的更深层次理解，学生的注意力应集中在对程序的使用上。暗示有一条路径显性(隐性)可以遵循，这种路径与隐含的观念有密切联系的、明晰的一般性程序。常用的呈现方式有多种(如借助可视图表、学具、符号、问题情境等)。这也需要某种程度的认知努力，尽管有一般的程序可供遵循，但却不能不加考虑地应用。为了成功完成任务和发展数学理解，学生需要接受存在于这些程序中的观念。

---

[①] 转引自鲍建生：《中英初中数学课程综合难度的比较研究》，17、18页，南宁，广西教育出版社，2009。

4. 做数学

需要复杂的、非算法化的思维（任务、任务讲解或已完成的例子没有明显给出一个可预料的、预演好的方法或路径用于借鉴）。

要求学生满足以下四类水平：①探索和理解数学观念、过程和关系的本质；②对自己的认知过程能自我调控；③启用相关知识和经验，并在任务完成过程中恰当使用；④分析任务并积极检查对可能的问题解决策略和解法起限制作用的因素，需要相当强的认知能力，也许由于解决策略不可预期的性质，学生还会有某种程度的焦虑。

注意：这四类水平在某种程度上都是基于教师培训的需要提出的，因此当应用到测量任务设计中时需要加以处理。

蔡金法(2007)描述了对数学问题的分类，分类如下。(1)计算题；(2)简单问题；(3)解决过程受限的复杂问题；(4)过程开放的复杂问题。

TIMSS2007项目的三水平分类(Olson，Martin，Mullis，2008)则是从内部的认知结构的角度进行水平分类的，包括：(1)知道；(2)应用；(3)推理。

周超(2009)利用顾泠沅先生指导的青浦实验中应用过的水平分析框架设计了八年级学生的学业成就测量工具，其框架见表2.1。

表 2.1　认知水平分析框架

| 较低认知水平 | 较高认知水平 |
|---|---|
| 1. 计算——操作性记忆水平 | 3. 领会——说明性理解水平 |
| 2. 概念——概念性记忆水平 | 4. 分析——探究性理解水平 |

鲍建生(2009)调整了顾泠沅对数学题目的水平分析工作，建构了如表2.2所示的认知水平分析框架。

表 2.2　认知水平分析框架

| 水平 | 概念 | 特点 |
|---|---|---|
| 1. 识记 | 包括对数学事实、概念、公式、法则、性质的记忆，以及对数学常规程序的复制 | 机械性，缺少联系 |
| 2. 理解 | 指对已学数学理论、方法和过程的领会与运用。包括合理选择数学知识、方法，灵活运用数学的程序性知识，主动建立不同数学对象之间的联系 | 常规性、封闭性 |
| 3. 探究 | 指对已学数学知识的拓展、数学模型的建立、数学猜想的形成及数学策略性知识的创造性运用 | 非常规性、开放性和探究性 |

　　虽然 TIMSS 和顾泠沅的水平分类采用了不同的角度(题目基础和认知结构基础)，但与之前基于数学任务(题目)的几个水平分类模型具有很强的相似性和对应性，即外部的题目分类在很大程度上反映了内部的认知结构，或者内部的认知结构由外部的题目分类刻画，即题目的认知需求与认知结构对应相关，特别是在低水平层次上。TIMSS 项目在建立认知结构与题目的联系方面做了很好的工作，如每道题目都对应着相应的认知水平，这也在实践上证实了上述两类分类方式的对应性。

　　上述几种明显的或隐含的水平分析往往是以任务(数学题目)为基础的，带有一定的外部特征，而不是从内容的认知结构角度(如教学的内容、课程标准的条目等)对认知水平进行分类。

　　需要注意的是，某些任务在作为教学任务和作为测量任务时，其意义可能会出现差异，如"$\pi \approx 3.14$"当作为教学任务与测量任务时，都是记忆性的数学任务。对"17 是素数还是合数"的任务来说，在教学时，就可能会涉及素数的定义和判断一个数是否为素数的算法；而作为测量任务来讲，学生可能依照记忆或运用算法来进行判断，即该测量任务与认知水平并非一一对应。此类问题也可能因题目类型(如选择题)而引发。这就需要在测试的编制过程中关注该类问题，尽量降低该因素对测试效度的影响(特别是针对相应认知水平的测量效度)。

　　本研究的关注点由具体题目提升为数学教学内容[包括课程标准的条目，某个数学的对象，如认知属性(概念、技能、过程等)]。对某个数学任务来说，可能包括实施高水平的数学内容，也可能包括实施低水平的数学内容，即学生完成一个数学任务可能需要掌握不同认知水平的属性(如概念、技能、过程等)的组合，数学任务与数学认知水平并非一一对应。当然，这种理解方式提升了测量的难度。对于数学任务与认知水平一一对应的情况，可以利用同一认知水平的数学任务的平均成绩(或总成绩)获得对该认知水平学业成就的评估。当一个数学任务可对应多个认知水平的数学教学内容时，就需要基于认知诊断的统计技术加以量化分析。这也是本研究对这类问题做出的一次尝试。

　　对认知水平的确定，本研究将在参考上述认知水平分类的基础上，以我国义务教育课程标准为样本来进行确定，从而保证测试是基于我国课程与教学的实际情况的。

　　本研究将使用分类学刻画目标的基本维度[内容领域、认知领域(Anderson，Krathwohl，2001)](特别是从认知水平的角度)来重新整合义务教育课程标准，以保证测试设计与课程相契合。

研究表明(范良火,2005)教科书是我国数学教师在课堂教学中的主要资源,是教师决定教什么及怎样教的重要指导,并且教学的大部分时间是以此来组织的。因此,本研究参考教科书的相关内容编排和题目的有关情况设计测试所包含的内容。通过教育目标分类的基础增进课程与评价的契合程度,并通过认知诊断测试的方式来增进其与课程的契合程度。

下面介绍我国义务教育课程标准的知识技能目标认知维度的行为动词的界定(见表2.3),以及知识领域的内容分类(以第三学段为例,见表2.4)。①

表2.3　课程标准中的认知水平描述

| 认知领域 | |
|---|---|
| 了解(认识) | 能从具体事例中,知道或能举例说明对象的有关特征(或意义);能根据对象的特征,从具体情境中辨认出这一对象。 |
| 理解 | 能描述对象的特征和由来;能明确地阐述此对象与有关对象之间的区别和联系。 |
| 掌握 | 能在理解的基础上,把对象运用到新的情境中。 |
| 灵活应用 | 能综合运用知识,灵活、合理地选择与运用有关的方法完成特定的数学任务。 |

表2.4　第三学段的内容领域列表

| 内容领域 | |
|---|---|
| 学段 | 第三学段(七至九年级) |
| 数与代数 | 数与式、方程与不等式、函数 |
| 空间与图形 | 图形的认识、图形与变换、图形与坐标、图形与证明 |
| 统计与概率 | 统计、概率 |
| 实践与综合应用 | 课题学习 |

这里需要说明的是:"实践与综合应用"并非严格意义上的相对其他领域的独立分类,而是为了帮助学生综合运用已有的知识和经验,经过自主探索和合

①　虽然2011年版的课程标准早已颁布,但本研究在实施调查研究时,各实验区使用的是2001年版的课程标准,因此本研究仍以2001年版的课程标准为依据。另外也是因为2011年版的课程标准仅是2001年版的课程标准的修订版。

作交流，解决与生活经验密切联系的、具有一定挑战性和综合性的问题，以拓展他们解决问题的能力，加深对"数与代数""空间与图形""统计与概率"等内容的理解，体会各部分内容之间的联系。

上述认知水平的分类为本研究提供了很好的参考框架，本研究将在这个框架下，结合已有的认知水平分类对其进行精细化处理，并获得本研究的认知水平框架。

课程标准提供了具体教学内容目标的条目(认知属性)(以有理数的内容为例，见表 2.5)，这构成了本研究的基本分析单位。

**表 2.5　具体教学内容要求(以有理数的内容为例)**

| 有理数 |
| --- |
| ①理解有理数的意义，能用数轴上的点表示有理数，会比较有理数的大小。 |
| ②借助数轴理解相反数和绝对值的意义，会求有理数的相反数与绝对值(绝对值符号内不含字母)。 |
| ③理解乘方的意义，掌握有理数的加、减、乘、除、乘方及简单的混合运算(以三步运算为主)。 |
| ④理解有理数的运算律，并能运用运算律简化运算。 |
| ⑤能运用有理数的运算解决简单的问题。 |
| ⑥能对含有较大数字的信息做出合理的解释和推断。 |

以上内容构成了基本的数学教学内容目标，基于以上内容分类可以得到下文所论述的测量理论中各(层次)属性构造的基础，从而形成测量设计所需的测试蓝图。

当然，课程标准中的条目并不是明显地依照课程标准目标中的行为动词(认知水平)编写的，因此需要在实际的研究过程中，基于教科书和教学实际加以明确。

在获得测试的理论架构的基础上，可在认知诊断理论的指导下完成测试设计与数据分析。

项目反应理论(Lord，2012；Embretson，Reise，2000)是基于统计模型的测量理论，是对经典测验理论(Classical Testing Theory，CTT)的发展。该模型刻画了学生潜质(Latent Trait)(通常记为 $\theta$)与学生正确回答某一测试题目的概率之间的关系，从而对学生某潜质(如能力水平、知识、态度、人格等)的测量就等价于基于学生对项目的反应情况来完成对其能力参数 $\theta$ 值的估计（前提是完成项目参数的估计）。

通用函数模型有如下形式，即项目特征函数（Item Characteristic Function）：

$$P(X_{is}=1\mid \theta_s,\ a_i,\ b_i,\ c_i)=c_i+\frac{1-c_i}{1-\exp(-Da_i(\theta_s-b_i))}\text{。}$$

其中，$P$ 为正确回答某项目的概率值；$a_i$，$b_i$，$c_i$ 为项目 $i$ 的项目参数；$\theta_s$ 为学生 $s$ 的能力参数；$D$ 为常数。

IRT 模型相对传统的 CTT 模型有较多优势，如难度参数（$b$）不依赖于学生群体，区分度参数（$a$）对不同学生子群体有特别的针对性，以及引入了猜测参数（$c$）等（详情参见 Embretson，Reise 的著作第一章的内容）。特别是在学生评分上，该模型替代了通常使用的求各项目原始得分和的方法，代之以包含项目权重的评分方式（不同学生的权重不同，这样保证了能够针对不同学生的不同情况进行评分，而不是将所有的题目等同看待），获得的评分结果是学生潜力 $\theta$ 的完备统计量。

因此，随着 IRT 基本模型的发展，人们开始探讨多值 IRT 模型（Polytomous IRT Model）。其中，比较典型的是用来分析需要多步完成的、多步评分项目的局部评分模型［Partial Credit Model，PCM（Embretson，Reise，2000）］；其题目的完成包含多个步骤，有 0，1 等几种评分，也相当于若干种回答的情况。这样就很好地将 IRT 理论推广到了多步评分的情况中。但需要注意的是，上述模型假设所有题目的区分度相等，即 Rasch Model。在某种程度上来说，不利于实现对项目的开发，从而需要推广 PCM 模型，即分步评分模型——Generalized Partial Credit Model(GPCM)。(Muraki，1992)

IRT 的项目特征曲线（Item Characteristic Curve）（图 2-2）刻画了被试的能力值与某种项目反应的概率之间的函数关系。

以上模型就为本研究项目的基础性分析提供了良好的模型基础，为整体估计学生的学业成就提供了基础。

当然，用上述测量方式得到的结果仍是单维的数据，虽然能够在整体上获得学生学业成就的信息，但不易对学生学业成就进行全面、精致的刻画。

莎沃森、韦布和伯斯坦(Shavelson，Webb，Burstein，1986)强调了用于过程—结果研究的反映教师影响的学生标准化测试成绩可能存在质量问题（如学生的诚信性等）和局限性问题，后者限制了相关研究，导致不能获得更为深刻的结果。他们强调，用来自认知心理学和心理测量学的理论与方法代替单一的概括性的分数会为这类研究提供更好的基础，如对知识结构的测量和反应类型的刻画与应用。

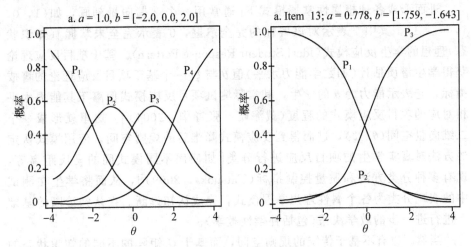

图 2-2 项目特征曲线

随着心理测量理论的发展，认知诊断模型逐渐引起学界关注（辛涛、焦丽亚，2006），也为本研究提供了深入挖掘与评价学生学业成就的技术基础，因此尝试考虑认知诊断模型在研究中的应用，也是本研究的重要关注点。

规则空间模型（Tatsuoka，1983；2009）是认知诊断中颇受重视的模型之一，是认知心理学、IRT 与多元统计相结合的产物，它是一种将考生在测试题目上的作答反应划归为某种与认知属性技能相联系的属性掌握模式的统计方法，旨在解决 CTT 测量模型与 IRT 测量模型在诊断学生认知结构时的局限性（辛涛、焦丽亚，2006），以及刻画、实现对不同认知类型（属性掌握模式）的学生的划分。

该方法基于学科专家所确定的需要测量（或完成测量任务所需的）的基本属性（attribute），即属性成为认知诊断分析的关注对象。

在确定认知属性的基础上，对设计的题目所测量的属性进行分析，并得到 $Q$ 矩阵（$m$ 个题目，$n$ 个属性），由此得到各属性间的连接矩阵（Adjacency Matrices）[表示各属性间的先决关系（由 $Q$ 矩阵决定而非由认知理论决定）]和可达矩阵（Reachability Matrices）（表示各属性间的直接或间接的先决关系）。

$$\begin{pmatrix} b_{11} & \cdots & b_{1n} \\ \vdots & & \vdots \\ b_{m1} & \cdots & b_{mn} \end{pmatrix}$$

$$b_{ij} = \begin{cases} 1,表示属性\ i\ 是属性\ j\ 的直接或间接的先决条件 \\ 0,表示属性\ i\ 既不是属性\ j\ 的直接先决条件,也不是它的间接先决条件 \end{cases}$$

进而形成各理想属性掌握模式下[通常用一个掌握向量刻画,如(1,0,1,…,1),其中 1 表示对该属性的完全掌握,0 表示完全未掌握](知识状态)理想的学生反应模式(Ideal Student Response Pattern)。基于项目反应理论获得学生潜质估计(如数学能力水平)值 $\theta$ 与 $\zeta$[一个基于项目反应理论的警戒指标,它表示能力为 $\theta$ 的学生,其实际测试项目反应模式偏离于其能力水平相对应的项目反应模式的程度(戴海崎、张青华,2004)]。这里就形成一个二维向量空间($\theta$,$\zeta$),进而得到反应模式降维后的规则空间,使用模式认定的方法对真实学生的项目反应进行分类[如使用不同模式间的马氏距离等,现有多种分类方法和质量控制指标(Tatsuoka,2009)],从而将学生在测试中的表现分类为各个属性理想掌握模式,完成认知诊断。在认知诊断的基础上进行进一步的教学决策(包括补偿性教学)。

当然,也有不基于传统的规则空间,而基于 $Q$ 矩阵的不同的知识状态的判别方式,如莱顿、吉尔和亨卡(Leighton,Gierl,Hunka,2004)的判别方式,朱金鑫等人(朱金鑫、张淑梅、辛涛,2009)基于模糊贴近度的判别方式,孙佳楠等人(孙佳楠等,2011)基于广义距离的判别方式等。

不过传统的规则空间模型属于后验性模型,需要在题目编制完成以后,再由学科和测量方面的专家确定 $Q$ 矩阵及各个需要测量的属性及其层次关系,进而确定连接矩阵和可达矩阵。这样的处理方法无法保障所编制的测量项目涵盖所有可能的属性组合,也不宜应用已有的对属性的层次分析来刻画连接矩阵与可达矩阵,即从结构效度的角度无法保证测试质量(特别是内容效度)。这样就出现了适合指导测试编制,特别是能够结合已有的认知理论(对各属性间层次结构的认识)的属性层次方法(Leighton,Gierl,Hunka,2004),该方法基于认知理论,先由学科专家确定要测量的各个属性及其层次关系获得连接矩阵(这也是作为数学教育研究的本研究需要特别考量的过程),进而通过扩张算法(丁树良等,2009)得到包含各类可能的属性组合的完全 $Q$ 矩阵(由此可获得理想题库),也就是所有满足属性层次条件的可能的项目的 $Q$ 矩阵,进而设计相应的测试工具。基于这个过程设计的题目可以很好地整合已有的认知理论对各类属性层次的基本认识,从而可以从内容效度的角度保证所设计的测试能区分各知识状态,同时对各个知识状态有很好的认知理论解释。

需要注意的是,莱顿等人(Leighton,Gierl,Hunka,2004)列举了该方法

的属性层次的几类典型的关系结构(以六种属性为例①,如图 2-3):

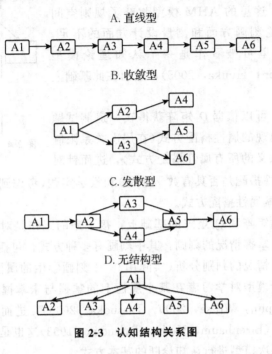

图 2-3 认知结构关系图

这里需要注意的是,涵盖众多知识、认知内容的年度学业成就评价测试其属性结构要更为复杂,特别是可能存在多属性起点的情况,如对有理数的认识及运算和对直线的认识可被认为是后续学习内容的基础,虽然也可以按照吉尔、莱顿和亨卡(Gierl,Leighton,Hunka,2005)的建议建构一个共同的先决属性,可将之理解为基础知识,从而可以在不更改题目和学生反应数据、仅修正连接矩阵的情况下考虑比较两类模型的差异②,但是人们倾向于认为基础知识的属性会随着测量知识的不同而发生变化,同时是一个不宜确定的不稳定认知内容。从这个意义上说,应该对上述基本结构进行发展,形成多起点的交叉结构(图 2-4)以适应年度学业成就测试对学生复杂知识结构的需要。

如图 2-4 所示,A 与 B 成为各认知属性的先决基础或者认知源头。至少在本文的研究框架下,这样的结果并不影响后续的判别分析和属性掌握概率的

① 感谢北京师范大学张淑梅教授提供的图形。
② 来自江西师范大学丁树良教授的邮件建议。

估计。

可以看到，这里的 AHM 模型弥补了规则空间模型在认知理论刻画方面和测量设计方面的不足，连接矩阵在这里可被看作是一个认知理论模型（Gierl，Leighton，Hunka，2005），进而在此基础上完成测试设计。

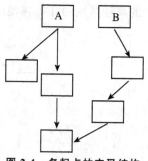

图 2-4 多起点的交叉结构

重要的是，可以依据 **Q** 矩阵获得在一道测试题目中所有可能出现的属性搭配方式（在层次关系限制下的具有数学意义的所有属性搭配方式），进而针对数学的特征（属性搭配是否具有数学意义）和教学实践（考虑到学生的认知特点和接受程度）删减属性搭配方式。

在获得可达矩阵和 **Q** 矩阵的基础上，接下来的工作是对反应类型（模式）的认定和对属性掌握情况的刻画，其中刻画有多种方式，包括基于某种距离的对学生属性掌握情况的判别分析（实际用 0，1 刻画学生的属性掌握情况）。也就是，认知诊断模型对学习者在某个属性上的掌握与未掌握的情况做出判断（Henson，Templin，Willse，2009；Tatsuoka，2009），进而从中获得反馈指导相应的教学。（Birenbaum，Kelly，Tatsuoka，1993）这也是通常应用规则空间理论或属性层次模型进行认知诊断的基本方式。

需要特别注意的是，在认知诊断模型中存在属性（掌握）概率的概念，认知诊断模型可以利用计算属性掌握概率的方式（Gierl，Wang，Zhou，2008；Tatsuoka，2009）对学生的属性掌握情况进行细致的量化刻画（实际用若干个属于区间[0，1]的实数刻画学生在各个属性上的掌握情况，且这种刻画可被认为是一个等距变量）。其估计结果被一些研究作为对能力的一种估计，进而作为本研究中刻画教师影响的回归模型中的独立变量。（Tatsuoka，Corter，Tatsuoka，2004；Xin，Xu，Tatsuoka，2004；Chen，et al.，2008）

不过，在这个问题上，学界有一种实践走在理论之前的倾向，众多研究在实践层面应用其作为对能力的估计（Xin，Xu，Tatsuoka，2004；Tatsuoka，Corter，Tatsuoka，2004；Birenbaum，Tatsuoka，Yamada，2004；Dogan，Tatsuoka，2008），但似乎缺乏对其理论合理性的探讨或者没有在理论层面上加以澄清。

例如，龙冈（Tatsuoka，2009）提出的属性掌握概率是学生在回答测试题目时正确应用属性的概率，旨在应对没有被期望知识状态覆盖的或与期望知识状态差别较大的反应模型（如学生作弊，或某种创造性的模型等），这种提法的本质还是对期望知识状态(对每个属性仅含掌握和未掌握的情形)的判别补充。认知诊断的过程是一个二元的分类过程。因此,将学生的属性掌握情况划分为掌握与未掌握两种情形(当然,这种理解方式有利于做出有关补偿性教学的决策),问题是这种方式似乎简化了学生对属性的掌握情况。Gierl 等人(Gierl, Wang, Zhou, 2008)对此的理解是较高的属性概率,它表明学生更可能掌握某个具体的属性,也就是说学生的属性掌握情况仍然是离散的(虽然作者在应用这个概念的时候,实际上是将其作为对学生在某个属性上能力[①]的估计来看待的)。

因为本研究不是以补偿性教学为目的的学业评价,而是为进一步研究提供数据基础的学生学业成就的测量,其中在每个属性掌握上为学生提供一个连续型的数量评价是非常有必要的。因此,本研究接受学者们在实践中的做法,即将属性掌握概率作为学生在属性上的能力评价,弱化其概率的意义。也就是说,学生在属性上的掌握情况本质上应是一个连续变量。

通常的认知诊断理论将学生的认知状态用一个 0,1 向量来表示,即知识状态。也就是说,学生在某个属性的掌握情况仅仅包括 0,1 两种情况,即理论掌握与理论不掌握或达到目标与未达到目标的二分情况。这种刻画方式在指导教学补偿决策时可以发挥有效的作用,其中 0 代表需要补偿性教学,1 代表无须补偿。

但针对全面、细致评价学生学业成就的需求,或是应用学生学业成就进行更多推理的需求,这种方式不够精细,特别不适合在后续的回归研究中将其作为依赖变量使用。属性掌握概率的概念是对学生对某个属性掌握情况的概率估计,然后基于这个估计,通过一定的阈限值判定学生是否在某个属性上需要补偿教学。(Gierl, Wang, Zhou, 2008)其本质上还是用 0,1 的向量来理解、刻画学生的学业成就。

尝试对知识状态的概念做出新的理解,提出一个新的定义在 $\underbrace{[0,1]\times[0,1]\times\cdots\times[0,1]}_{n\text{个}}$ 上的向量($n$ 为属性的个数)来刻画学生在各个属性上的学业成就情况,并定义其为"属性能力"(Attribute Ability, AAB)以代替原有的知识状态的概念,也就是说学生的内在知识状态是一个连续型变量,而不是离散的二分变量。这个概念不仅参考了陈等人(Chen, et al., 2008)关于属性掌握概率像能力估计一样在更为本质的过程或技能层面反映了学生能力的说法,而且强调了这个概念反映学生认知结构的心理学意义,替代了原有的

---

① 一个连续变量,而非二分变量。

反映内在的认知结构的定义在 $\underbrace{\{0，1\}\times\{0，1\}\times\cdots\times\{0，1\}}_{n个}$ 上的知识状态的概念。

为了能够和原有的认知诊断理论与技术实现对接，这里给出一个中介性的概念，提出"应用性知识状态"（Applied Knowledge Status，AKS)的概念，实际上是将由 0，1 向量表示的知识状态理解为学生在测试中在各个属性上的应用情况，1 代表学生在测试中成功应用了属性 1 所涉及的内容，0 代表未能成功地应用。当然，这个概念同样存在"强行划归的意味"，即学生在一次具体的测试中可能出现部分地成功应用某个属性的情况。在这种情况下，就需要进行强行地判别。本质上这是从外在行为的角度反映上述知识状态的概念。

属性能力的概念与原有的属性掌握概率的概念在实践技术层面不仅是类似的，而且是同质的。也就是说，在某个属性上的属性掌握能力越高，越可能在实践中达到在该属性上完全掌握的 AKS，即在测试中成功地应用属性（如概念、技能等）。从这个意义上来说，可以认为属性掌握能力的概念与属性掌握概率的概念是技术同质的，可以共用相同的估计方法。

上述的描述相当于下面的理论模型变化：

(1)原有的基本理论模型（可能在不同的模型背景下有所不同，如图 2-5）；

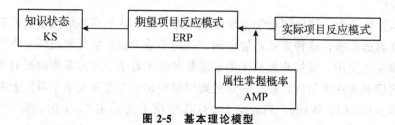

**图 2-5　基本理论模型**

(2)改进后的理论模型（可能在不同的模型背景下有所不同，如图 2-6）。

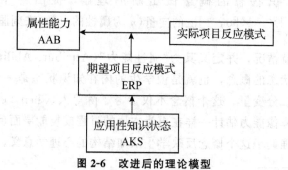

**图 2-6　改进后的理论模型**

需要注意的是，不同的估计方法可能有不同的模型结构，但在某种程度上它们都是上述结构的子部分。

现有的判别与属性掌握概率的计算方法中，既有基于 IRT 模型的方法（主要是传统的单维 IRT 模型）（Tatsuoka，2009；Leighton，Gierl，Hunka，2004[①]），又有不基于 IRT 模型的非 IRT 方法（Gierl，Wang，Zhou，2008；Gierl，Cui，Hunka，2007；朱金鑫、张淑梅、辛涛，2009；孙佳楠等，2011）。

龙冈（Tatsuoka，2009）总结了其之前给出的属性判别的基本方法，这也是规则空间理论给出的基本判别方法，即利用项目反应理论将学生在多个维度上的能力水平降到二维。也就是，给定学生的 IRT 能力参数 $\theta$ 与一个个人拟合指数 $\zeta$（与 $\theta$ 正交），这个笛卡儿积的空间就被称为规则空间。

其中，$\zeta = \dfrac{f(S_i)}{\sqrt{Var(f(S_i))}}$，$S_i$ 是某被试的反应模式；$f(S_i) = [P(\theta_i - S_i)][P(\theta_i) - T(\theta_i)]^{\mathrm{T}}$；$P(\theta_i)$ 为被试 $i$ 答对每个项目的概率组成的向量（IRT 计算的结果）；$T(\theta_i)$ 的每个元素均相同，为 $P(\theta_i)$ 的所有元素的平均。

在规则空间的基础上，基于贝叶斯方法计算某学生所属知识状态的后验概率：

$$P(X_i \mid \pi_j) = \frac{1}{(2\pi)^{\frac{m}{2}}(|\sum_j|)^{\frac{1}{2}}} \exp\{-0.5(X - \mu_j)^{\mathrm{T}} \sum_j^{-1}(X - \mu_j)\}.$$

其中，$P(\pi_j \mid X_i) = \dfrac{p_j P_j(X_i \mid \pi_j)}{\sum_{k=1}^{m} p_k P_k(X_i \mid \pi_j)}$，$\pi_j$ 代表各个知识状态；$X_i$ 代表被试 $i$ 的反应。这里假定分类后每类的条件分布函数为多维正态分布，均值为 $\mu_j$，方差矩阵为 $\sum_j$，$p_j$ 是先验概率，可以假设它为均匀分布、Gamma 分布及观测频率向量，不同的先验概率可能会对后续结果产生影响。这里可以得到一个加权平均的结果，即属性掌握概率

$$(P(\pi_j \mid X_i))_{m \times n}(KS_k)_{n \times r}.$$

其中，$n$ 为知识状态数或被试最为可能属于的若干个知识状态数量，由一定的阈值 $\alpha$ 和实际反应模式与期望反应模式的某种距离确定，$m$ 为被试数量或实际反应模式的数量，$r$ 为属性个数。

莱顿等人（Leighton，Gierl，Hunka，2004）的 A，B 方法都存在提供一个计

---

[①]　基于该文中提出的两种属性判别方法，经过本研究简单的计算获得了一个属性掌握概率的计算方法。

算属性掌握概率的方法。也就是说，A，B方法都给出了对各属性掌握情况的详细报告，以后验似然的形式给出了一个特定的学生属于某种知识状态的可能性刻画：

$$\alpha_i = (i_1, \cdots, i_{11}), \quad i_n = 0, 1。$$

计算某反应模式由某个特定的期望反应模型"滑动"而来的后验似然：

$$P_{ijExpected}(\theta_j) = \prod_{j_p \in J_1} p_{j_p}(\theta_j) \prod_{q^j \in J_2} [1 - p_{q^j}(\theta_j)]。$$

其中，$\theta_j$ 为第 $j$ 个期望反应模式对应的学生的能力估计值，由 IRT 的项目特征函数给出。具体情况可参见莱顿等人的研究成果。（Leighton，Gierl，Hunka，2004）

上述情况是针对某一学生的反应来说的，其中期望反应与属性掌握模式如前文所述，是指由属性可达矩阵扩张生成的所有的期望反应及其属性掌握模式。

在这个基础上，与原有的龙冈方法中基于后验概率计算的意义较为相似，因此这种方法可能成为属性掌握概率的简单计算方法，即可获得对学生属性掌握似然的一个估计。

需要注意的是，认知诊断的重要特征是实现对学生学业成就多维度的量化描述，而 IRT 理论的一个基础性假设是单维性假设［虽然也有多维 IRT 模型（Embretson，Reise，2000），但未被应用于上述认知诊断分析中］，也包括规则空间降维所带来的信息损失（孙佳楠等，2011），因此这类 IRT 方法的应用可能存在风险，需要基于实际的理论模型和测试数据加以判断。

非 IRT 模式是 Gierl 等人（Gierl，Cui，Hunka，2007；Gierl，Wang，Zhou，2008)提出的应用人工神经网络学习方法（Artificial Neural Networks，ANN），是由生物神经网络启发的数学或计算模型，包含多组不连接的人工神经元。在学习的过程中，通常基于内部或外部的信息修正激发函数。现代的神经网络模型相当于非线性统计模型，通常被用来建模输入与输出的复杂关系，进而发现数据的模式。

Gierl 等人（Gierl，Cui，Hunka，2007；Gierl，Wang，Zhou，2008)通过一个层次的神经网络学习训练的过程，获得一个基于学生实际项目反应模型预测其属性掌握概率的预测模型，报告两个权重矩阵和两个 S 形函数，进而获得属性掌握情况的一个刻画，即输入经过公式

$$F(x_1, x_2, \cdots, x_n) = (1 + \exp(\sum_{i=1}^{n} \omega_{ji} x_i))^{-1}, \quad j = 1, \cdots, p,$$

其中，$(x_1, x_2, \cdots, x_n)$ 为输入，$p$ 为隐藏层的个数，从而输入经过隐藏层

形成了一个 $p$ 维向量，借助公式

$$G(x_1,\ x_2,\ \cdots,\ x_n)=(1+\exp(\sum_{i=1}^{n}\nu_{ji}x_i))^{-1},\ j=1,\ \cdots,\ q,$$

通过进入输出层，形成一个 $q$ 维向量，从而实现反应模式到属性掌握概率的估计结果的模式转换。

可以看到该种方式的模型决定了各个项目的结果都为各个属性掌握情况的结果估计提供了信息，这就建立了属性之间的联系（但不局限于决定属性层次的逻辑联系）。这是一种不受数据影响的估计方法，其参数估计完全基于测试内容的设计（不基于或依赖于数据的模型），而不受到学生回答情况的影响，因此相对施测情况不是特别理想的测试（如学生不认真作答）相对有效。

朱金鑫等人（朱金鑫、张淑梅、辛涛，2009）提出了一种属性掌握概率的简单估计方法，也可以被看作是非 IRT 的方法，计算方法如下。

首先，计算学生在包含属性 $k$ 的项目中答对的比例，利用这个比例估计学生掌握某个属性的概率，同时将答对某个项目的概率作为该项目涉及的所有属性掌握概率估计的乘积，其具体的计算公式如下。

$$P=\frac{涉及属性 k 且被试 i 正确作答的所有项目的概率之和}{涉及属性 k 的所有项目的答对概率之和}$$

$$\left(这里定义运算 \frac{0}{0}=0\right),$$

这个项目答对的概率可以修正上述学生掌握某个属性的估计，进而获得学生在某个属性上的掌握概率的估计。

朱金鑫等人（朱金鑫、张淑梅、辛涛，2009）认为这个估计方法可以消除属性间的影响，但认为属性间可能存在的影响恰恰可以为属性间的估计提供更为丰富的信息，如很好地掌握了较为上位的属性的学生可能比没有很好地掌握这些属性的学生更可能掌握更为下位的属性（这需要实际数据加以验证）。显然，这是一个基于（或依赖）具体数据的模型。

对于多种属性掌握概率的计算方法，我们将在后文中基于实际数据进行比较，并基于本研究对属性能力的理解，从上述技术中选择可以很好地解释本研究测验内容与施测数据的属性能力的估计方法。

在有了这种基本认知的基础上，综合以上几种基本理论和基本技术有如下设计。

## （二）学生数学学业成就测试开发过程（技术报告）

本测试标准参照测试的基本特征，基于 2001 年版的义务教育数学课程标准对七年级数学学习在内容领域和认知水平方面的内容要求，得到了需要测量的属性，以及各属性间的层次关系。结合认知诊断理论综合形成指导测试试卷编制的测试蓝图。

这里需要注意的是，教育目标分类学并非具有严格的层次性意义，或者说在使用目标分类作为认知属性基础的时候应当加以细致地推敲，特别是在设计测量任务时，要注意那些由于应试教学引起的问题（如若将是否能熟练完成有理数运算作为掌握层次的测量标准，则测量可能只需要一定的教学应试训练即可完成，而无须对有理数概念进行理解）。

在测试蓝图的基础上，编制测试题目时，首先特别需要注意以下几点。

(1)注意开放性问题在测量学生灵活应用知识和理解知识维度的重要意义；

(2)确保涵盖各个重要且典型的属性掌握模式，通过预试选择合适的题目；

(3)预估其基本参数（如难度、区分度等）。

然后对学生实施测量。计划使用 IRT 模型的相应软件（如 Bilog-MG）估计项目参数，并为学生评分。在此基础上利用属性层次模型确定各不同类型学生的应用性知识状态①，进而选择合适的方法进行属性能力的估计，特别是对属于同样认知水平的属性进行合并，从而获得学生在不同认知水平属性上的能力估计值。对于测量不同的认知领域和知识领域[七年级主要包括"数与代数""空间与图形"两个部分（本质上是代数和几何两个部分），同时不同版本的教材还包括概率、统计等方面的内容]的子题目集采取前文所述的属性能力作为评分②，进而确定学生在不同维度认知水平上的评分，从而成为对 IRT 理论给出的项目评分的补充，以实现对学生数学学业成就（认知结构）的系统评价。

鉴于属性的数量较多，相对教师影响研究的目的来说，不仅过于"细致"，而且属性能力的分布可能不具有正态性（因而无法用作回归模型的独立变量），但是可以考虑将属性进行合并，即部分具有相同特性（运用认知水平进行分类）的属性概率值相加或取平均值。(Xin，Xu，Tatsuoka，2004)

本研究基于两点原因将七年级作为关注学段：一是本研究基于由美国范德

---

① 这里需要注意的是规则空间所针对的是二级评分的项目（选择题和填空题），而对多级评分的问题，需要在一定程度上进行发展，或是将多级评分改造成二级评分以便对学生的知识状态进行测查，具体方式需要进一步的研究。

② 这里需要注意的是，这里实际上是对 IRT 的单维性假设的一个挑战，即对是否存在单维的数学能力的挑战，同时也由于题目数量的限制，使得不易获得对学生各个认知和知识领域的 IRT 评分（题目数量不足，不易进行参数估计），虽然这个方法在 TIMSS2007 中有所使用，但是该测试有一定数量的试题样本。

堡大学和北京师范大学联合组织的纵向研究国际合作研究项目 MIST-CHINA 的第一年的数据；二是之所以认为这个第一年的数据也能作为研究对象是因为七年级是中学教育的起始年级，学生在这个年级中会进入一个全新的学习环境，因此，这样的教师影响研究更容易被"提取"。

由于课程标准整体设计了七至九年级学段的教学内容，而我国的教科书采取一纲多本的形式，几种教科书在七年级的内容及编排上有所不同。

选取的实验区主要使用两个版本的教科书，其中两个学区使用人教版（人民教育出版社出版，2007 年第 2 版），一个学区使用北师大版（北京师范大学出版社出版，2005 年第 4 版）。面对这个问题，我们比较了两个版本的共同部分。

在内容的选取上，上述两个版本都考虑到了教学的实际进度（如在数据收集时的教学进度等）。为了简单起见，只选取在上述两个版本的七年级教学中占核心地位的两个知识领域，即代数和几何（空间与图形）的内容，当然也是因为这两个领域是中学数学学习的核心领域。

上述两个版本的教科书涉及的七年级的教学内容（代数和几何）和主要内容见表 2.6（下划线表示仅在一个版本中出现的内容）。

表 2.6　两个版本的教科书七年级的教学内容和主要内容

| 教学内容 | 主要内容 |
|---|---|
| 有理数 | 有理数的概念、数轴表示及基本运算等 |
| 整式的加减 | 整式的概念及其加减运算（合并同类项） |
| 整式的乘除 | 同底数幂的乘法、幂的乘方与乘积的乘方、整式乘法、同底数幂的除法和乘法公式等 |
| 生活中的数据 | 百万分之一、近似数和有效数字等 |
| 一元一次方程 | 有理数范围内的一元一次方程的一般解法 |
| 二元一次方程组 | 概念及两种基本解法 |
| 不等式与不等式组 | 一次不等式（组）的概念及解法 |
| 变量间的关系 | 简单的函数关系 |
| 图形认识初步（主要） | 基本图形的认识（点、线、面、体），线与角 |
| 相交线与平行线 | 直线间的位置关系 |
| 平面直角坐标系 | 基本概念与简单应用 |
| 三角形 | 与三角形有关的线与角，三角形的全等，轴对称图形 |

由表 2.6 的教学内容可知，上述两个版本的教科书关于七年级的教学内容的核心知识线索较为相似，因此考虑在项目的实验区以人教版为蓝本设计测试

内容。对另外一个学区出现的教科书不统一的情况，采取统计的技术进行处理，即在后续的回归模型中加入"教材"作为控制变量来矫正内容效度的问题。另一个采用人教版的学区部分测试内容与教科书内容不匹配的问题（主要是二元一次方程、平面直角坐标系等少数内容）恰好可以作为探讨针对非教科书进度要求内容[①]、教师的影响及学生自学与课外教育的影响的对照组研究的对象[②]。

人教版涉及的七年级的教学内容和主要内容见表2.7。

表 2.7　人教版涉及的七年级的教学内容和主要内容

| 教学内容 | 主要内容 |
| --- | --- |
| 有理数 | 有理数的概念、数轴表示及基本运算等 |
| 整式的加减 | 整式的概念及其加减运算（合并同类项） |
| 一元一次方程 | 有理数范围内的一元一次方程的一般解法 |
| 二元一次方程组 | 概念及两种基本解法 |
| 不等式与不等式组 | 一次不等式（组）的概念及解法 |
| 图形认识初步（主要） | 基本图形的认识（点、线、面、体），线与角 |
| 相交线与平行线 | 直线间的位置关系 |
| 平面直角坐标系 | 基本概念与简单应用 |
| 三角形 | 与三角形有关的线与角 |

由表2.7可知，教学内容主要包括"数与代数""空间与图形"两个基本知识领域，其中不同的知识领域间有相互交叉或层次关系，如平面直角坐标系等，但由于测试设计参照代数内容和几何内容分别设计的策略，因此需要对交叉内容做出所属领域判断。领域内部的逻辑关系也成为 AHM 模型的设计基础，但要注意，认知过程与逻辑过程之间的差异，如认识点、线、面并非一定是认识点的前提（虽然是逻辑前提）。（Torregrosa，Quesada，2008）这里需要细致地对该学段内容的认知结构进行分析。

当然，就基于数学任务（题目）的测试编制来讲，上述课程目标的指导意义相对抽象，即上述四水平（等级）的教学目标（了解、理解、掌握、灵活应用）及

---

① 这些内容被安排在北师大版后续几个年级的教科书中。
② 后续的数据收集过程中基于教师录像的研究主要集中在使用人教版教科书的两个学区，因此消除了测试偏差的影响。

其解释难以直接地与纸笔测试的测量任务相对应。

　　综合前文综述过的已有工作，特别是课程标准中的行为动词的说法，可以对课程标准中的认知目标在测量的意义（或者说在用于测量评价的数学任务）上加以解释、具体化。遵循以内在的认知结构刻画为基础、以数学任务类型为启发的原则，整合两类分类方式，并以课程标准为蓝本获得如下的认知水平分类。

　　按照前文论述的多个已有框架，得到表2.8。

表 2.8　认知水平的描述

| 水平Ⅰ | 了解（认识）/回忆/再现 | 能从具体事例中，知道或能举例说明对象的有关特征（或意义）；能根据对象的特征，从简单、具体的情境中辨认出这一对象。包括对已学过的事实、法则、公式及定义的记忆重现，或者通过简单的记忆重现完成任务。 |
|---|---|---|
| 水平Ⅱ | 理解/直接应用 | 能描述对象的特征和由来；能明确地阐述此对象与有关对象之间的区别和联系，从相对复杂的情形中辨识出某一对象。能够使用常规的数学程序过程、算法、具体方法，完成相对其学习阶段常规而简单的问题解决过程。 |
| 水平Ⅲ | 掌握/联系应用 | 能在理解的基础上，把对象运用到新的情境中，完成相对复杂的问题解决。合理地选择数学知识、方法，灵活运用数学的知识（包括程序过程、算法、具体方法）和思想方法。 |
| 水平Ⅳ | 灵活应用/探究/做数学/高级思维 | 能综合运用知识，灵活、合理地选择与运用有关的方法完成特定的数学任务。探究非常规的或开放性的数学问题，形成数学猜想，数学思想方法的创造性运用，以及对数学对象、观点的描述，全面评价数学工作，完成问题情境—建立模型—求解—解释与应用的数学过程，形成对数学的整体性认识，完成数学交流等。 |

　　对相应的水平，从数学任务的角度给出各个认知水平目标的案例，见表2.9。

表 2.9　认知水平目标的案例

| 水平Ⅰ | 对倒数的概念的教学目标：<br>【例1】3的倒数为（　　　）。<br>A. 3　　　　　　B. −3　　　　　　C. $\frac{1}{3}$　　　　　　D. $-\frac{1}{3}$<br>【说明】对七年级学生来说，需要在各选项中辨识出3的倒数或回忆倒数的定义。 |
|---|---|

| | |
|---|---|
| 水平Ⅱ | 对代数式求值的教学目标：<br>【例2】先化简，再求值：$2(a^2b+ab^2)-[2ab^2-(1-a^2b)]^2$，其中 $a=-2$，$b=\dfrac{1}{2}$。<br>【说明】对七年级学生来说，他们在回答一个经过一定训练并要求掌握的问题。但学生并非完全能够依靠记忆完成，而是需要在一个相对复杂的情形中应用（常规）运算程序。 |
| 水平Ⅲ | 对二元一次方程（组）的教学目标：<br>【例3】某高速公路收费站，在早8时有80辆汽车排队等候收费通过。若开放一个收费口，则需20分钟才可能让原来排队等候的汽车及这段时间陆续到达的汽车全部收费通过；若同时开放两个收费窗口，则只需8分钟就可以让原来排队等候的汽车及这段时间陆续到达的汽车全部收费通过。<br>假设每个收费口每分钟能够收费通过的车的数量及该收费站每分钟陆续到达的车的数量均保持不变。<br>试求若开放三个收费口则需要多长时间可以让原来排队的汽车和这段时间内陆续到达的汽车全部收费通过？<br>【说明】对七年级学生来说，他们要在复杂的背景下，灵活应用常规的二元一次方程的列出与求解程序。 |
| 水平Ⅳ | 【例4】利用计算机给树叶分类：<br>我们都知道，计算机只能基于具体的数字进行分类。例如，把面积大于3的长方形和面积小于3的长方形分到不同的类别中。<br>请采集三种不同的树叶样本，给出每种树叶的数量方面的特征，如树叶长与宽的比在某一范围内，从而利用计算机给树叶分类（不需要编出计算机程序）。给出你的分析过程，并验证你给出的方法，写出研究报告。<br>【说明】对七年级学生来说，他们解决上述开放的数学任务，需要完成假设、建模、模型评价、报告这一过程。 |

　　这里之所以选择相对复杂的四水平的认知水平目标分类方法，除了是因为要基于课程标准的目标分类，还是因为四水平目标分类能够区分直接使用常规的数学程序、算法（如解标准的二元一次方程，使用数轴获得一次不等式组的解集等）与灵活地选择、使用数学知识、思想的差异[如综合、灵活地选择、应用多个（种）数学过程、方法发现数学关系]，而水平Ⅲ又能与在具有开放性、探究性、研究性的背景下完成相对复杂的做数学（Doing Mathematics）任务（水

平Ⅳ)区分开。

在此基础上，基于课程标准目标，通过调整、合并、整合得到了本次测试的目标分类表，并设计了相应的符号以便后续处理属性层次结构。在设计的过程中，注意到了课程标准的具体目标(及其表述)对测量目标的适用性。

例如：

(1)课程标准中的表述为"会用科学计数法表示数(包括在计算器上表示)"，鉴于该问题本身的复杂程度，将这部分的认知水平认定为水平Ⅰ。

(2)课程标准中的表述为"探索不等式的基本性质"，教学过程特征在某种程度上影响了水平分层。该目标在教学中需要调动学生通过高水平的认知过程来探究不等式的性质。从学习结果性目标的角度来思考，并参考教科书的处理方式，将该目标的认知水平认定为水平Ⅱ，并将表述改为"不等式的基本性质"[学生需要理解不等式的基本性质，并在此基础上解一元一次不等式(组)]。

(3)课程标准中的表述为"观察与现实生活有关的图片(如照片、简单的模型图、平面图、地图等)，了解并欣赏一些有趣的图形(如雪花曲线、莫比乌斯带)"。显然该目标是对教学过程的描述，也在一定程度上涉及情感态度目标，同时也要求学生获得基本的图形感知经验。因此，将其认知水平认定为水平Ⅰ。

因为课程标准对学段采取整体处理的方式(七至九年级)，所以在确定七年级的课程目标时，课程标准是以教科书的内容为基础完成的。这里的教科书是指人民教育出版社出版的《义务教育课程标准实验教科书·数学》[七年级(上、下册)]，2007年6月第2版。

在目标设计的过程中，以课程标准为基础，在某种程度上参考了教科书中的内容和数学测试的内容，特别是其中对难度和一些表述的处理方法(如什么是简单的二元一次方程组)，以避免教科书、数学测试与课程标准的一致性问题带来的测量内容效度的降低。总之基于实践的测试设计是非常重要的，因而要尽量避免测试与教学的不一致所产生的测量偏差。

这里需要特别注意的是术语使用方面的差异。由此可得出如下的几个测试内容框架表。(表2-10至表2-22)其中A表示"数与代数"；G表示"空间与图形"；S表示"统计与概率"；K表示课题学习("实践与综合应用")①。

--------

① 在设计测试的时候仅集中关注两个基本的内容领域：代数和几何。

表 2.10　数与式：有理数

| | |
|---|---|
| A1.1 水平 Ⅱ | 有理数的意义、数轴上的点表示有理数、比较有理数的大小 |
| A1.2 水平 Ⅰ | 相反数和绝对值的意义，有理数的相反数与绝对值（绝对值符号内不含字母）（使用数轴） |
| A1.3 水平 Ⅱ | 乘方的意义 |
| A1.4 水平 Ⅱ | 有理数的加、减、乘、除、乘方及简单的混合运算（以三步运算为主） |
| A1.5 水平 Ⅱ | 有理数的运算律，运用运算律简化运算 |
| A1.6 水平 Ⅲ | 运用有理数的运算解决简单的问题 |
| A1.7 水平 Ⅱ | 对含有较大数字的信息做出合理的解释和推断 |
| A1.8 水平 Ⅰ | 会用科学计数法表示数（包括在计算器上表示） |

表 2.11　数与式：代数式

| | |
|---|---|
| A2.1 水平 Ⅱ | 用字母表示数的意义（在一定的现实情境中） |
| A2.2 水平 Ⅱ | 分析简单问题的数量关系，并用代数式表示 |
| A2.3 水平 Ⅱ | 一些简单代数式的实际背景或几何意义 |
| A2.4 水平 Ⅲ | 求代数式的值（根据特定的问题查阅资料，找到所需要的公式，并会代入具体的值进行计算） |

表 2.12　数与式：整式与分式

| | |
|---|---|
| A3.1 水平 Ⅰ | 整式的概念 |
| A3.2 水平 Ⅲ | 简单的整式加减运算 |
| A3.3 水平 Ⅰ | 会用科学计数法表示数（包括在计算器上表示） |

表 2.13　方程与不等式：方程与方程组

| | |
|---|---|
| A4.1 水平 Ⅲ | 能够根据具体问题中的数量关系，列出方程，体会方程是刻画现实世界的一个有效的数学模型 |
| A4.2 水平 Ⅱ | 解一元一次方程及其实际应用 |
| A4.3 水平 Ⅲ | 简单的二元一次方程组及其实际应用 |

表 2.14　方程与不等式：不等式与不等式组

| | |
|---|---|
| A5.1 水平 Ⅰ | 了解不等式的意义（根据具体问题中的大小关系） |
| A5.2 水平 Ⅱ | 不等式的基本性质 |
| A5.3 水平 Ⅲ | 简单的一元一次不等式（数轴上表示出解集）及其应用 |
| A5.4 水平 Ⅲ | 两个一元一次不等式（组）（数轴确定解集）及其应用 |

**表 2.15 图形的认识：点、线、面**

| |
|---|
| G1.1 水平Ⅰ 点、线、面（如交通图上用点表示城市，屏幕上的画面是由点组成的） |

**表 2.16 图形的认识：角**

| |
|---|
| G2.1 水平Ⅱ 角 |
| G2.2 水平Ⅱ 比较角的大小（能估计一个角的大小，会计算角度的和与差） |
| G2.3 水平Ⅰ 认识度、分、秒及其简单换算 |
| G2.4 水平Ⅱ 角平分线及其性质（【注解】角平分线上的点到角两边的距离相等，角的内部到两边距离相等的点在角的平分线上） |

**表 2.17 图形的认识：相交线与平行线**

| |
|---|
| G3.1 水平Ⅱ 补角、余角、对顶角，知道等角的余角相等、等角的补角相等、对顶角相等 |
| G3.2 水平Ⅱ 垂线、垂线段等概念 |
| G3.3 水平Ⅰ 垂线段最短的性质，体会点到直线的距离的意义 |
| G3.4 水平Ⅰ 知道过一点有且仅有一条直线垂直于已知直线，会用三角尺或量角器过一点画一条直线的垂线 |
| G3.5 水平Ⅱ 两直线平行，同位角相等；平行线的性质 |
| G3.6 水平Ⅰ 过直线外一点有且仅有一条直线平行于已知直线，会用三角尺和直尺过已知直线外一点画这条直线的平行线 |
| G3.7 水平Ⅱ 两条平行线之间距离的意义，度量两条平行线之间的距离 |

**表 2.18 图形与变换：图形的平移**

| |
|---|
| G4.1 水平Ⅰ 认识平移（通过实例），平移的基本性质，理解对应点连线平行且相等的性质 |
| G4.2 水平Ⅱ 能按要求作出简单的平面图形平移后的图形 |
| G4.3 水平Ⅲ 利用平移进行图案设计，认识和欣赏平移在现实生活中的应用 |

**表 2.19 图形与坐标**

| |
|---|
| G5.1 水平Ⅱ 认识并能画出平面直角坐标系；在给定的平面直角坐标系中，会根据坐标描出点的位置；由点的位置写出它的坐标 |
| G5.2 水平Ⅱ 能在方格纸上建立适当的平面直角坐标系，描述物体的位置 |
| G5.3 水平Ⅲ 在同一平面直角坐标系中，感受图形变换后点的坐标的变化 |
| G5.4 水平Ⅲ 灵活运用不同的方式确定物体的位置 |

表 2.20　图形的认识：三角形

| |
|---|
| G6.1 水平Ⅲ　三角形的有关概念(内角、外角、中线、高、角平分线)，会画出任意三角形的角平分线、中线和高 |
| G6.2 水平Ⅰ　三角形的稳定性 |

表 2.21　图形的认识：视图与投影

| |
|---|
| G7.1 水平Ⅰ　了解直棱柱、圆锥的侧面展开图，能根据展开图判断和制作立体模型 |
| G7.2 水平Ⅰ　了解与现实生活有关的图片(如照片、简单的模型图、平面图、地图等)和一些有趣的图形(如雪花曲线、莫比乌斯带) |

表 2.22　统计

| |
|---|
| S1.1 水平Ⅰ　抽样的必要性，能指出总体、个体、样本，体会不同的抽样可能得到不同的结果 |
| S1.2 水平Ⅱ　理解频数、频率的概念 |
| S1.3 水平Ⅰ　了解频数分布的意义和作用 |
| S1.4 水平Ⅱ　会列频数分布表，画频数分布直方图和频数折线图(及其简单应用) |

表 2.23　课题学习(实践与综合应用)

| |
|---|
| K1.1 水平Ⅳ　经历"问题情境—建立模型—求解—解释与应用"这一学习过程，形成对数学的整体性认识 |

　　结合数学知识的逻辑关系体系，得到如图 2-7 所示的认知属性层次结构图。

　　这里需要注意的是，对没有设定具体内容的 K1.1 属性，由于条件限制(测试时间、测试形式)，本研究暂不考量这个属性，也就是不考量水平Ⅳ，仅考虑前三个基础性的认知水平的任务。

　　观察图 2-7，容易发现该认知结构模型的属性个数超过了 50 个，同时又由于对各个属性需要多次观察以控制随机误差(蔡艳、涂冬波、丁树良，2010)，因此可以预想到测试的题目会过多，但调研条件(测试题目数量与时间)有限制，所以势必要采取抽样的手段。

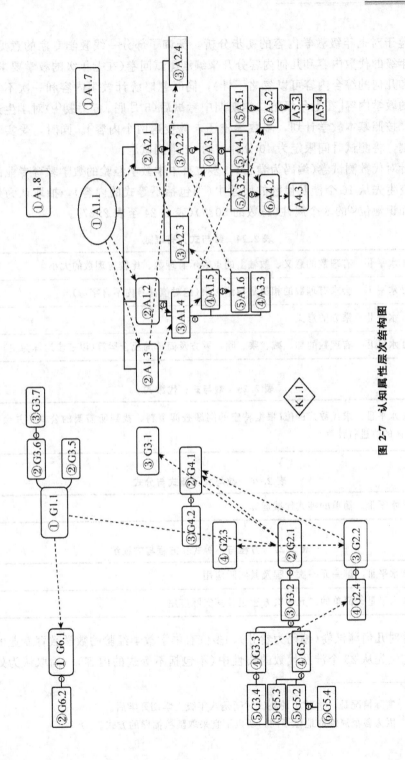

图 2-7 认知属性层次结构图

鉴于对七年级教学内容的初步分析，征询了部分一线教学专家的意见后，将七年级的代数内容和几何内容分开来编制测试问卷（在七年级的教学要求中，代数和几何的综合内容可以忽略不计），同时忽略统计教学内容和一次不等式（组）的教学内容［在七年级第二学期期中考试后（5月底、6月初①）对学生进行测量，按照基本教学计划，多数学校还未教授这两个内容］。同时，受实验条件限制，将测试时间限定为40分钟，约12道测试题。

针对代数测试卷（编码为卷Ⅰ），多位有中学教学经验的数学教育专业的博士研究生先从16个涉及代数的属性中（不包括不等式的内容），抽取认为处于核心知识地位②的8个属性（总数的50%）（表2.24至表2.27）。

**表 2.24　数与式：有理数**

| A1.1 水平Ⅱ　有理数的意义、数轴上的点表示有理数、比较有理数的大小 |
| --- |
| A1.2 水平Ⅰ　会求有理数的相反数与绝对值（绝对值符号内不含字母） |
| A1.3 水平Ⅱ　乘方的意义 |
| A1.4 水平Ⅱ　有理数的加、减、乘、除、乘方及简单的混合运算（以三步运算为主） |

**表 2.25　数与式：代数式**

| A2.4 水平Ⅲ　求代数式的值（根据特定的问题查阅资料，找到所需要的公式，并会代入具体的值进行计算） |
| --- |

**表 2.26　数与式：整式与分式**

| A3.2 水平Ⅲ　简单的整式加减运算 |
| --- |

**表 2.27　方程与不等式：方程与方程组**

| A4.2 水平Ⅲ　解一元一次方程及其实际应用 |
| --- |
| A4.3 水平Ⅲ　简单的二元一次方程组及其实际应用 |

针对几何测试卷（编码为卷Ⅱ），多位有中学教学经验的数学教育专业的博士研究生先从23个涉及代数的属性中（不包括不等式的内容），抽取认为处于

---

①　实际情况是，学区C的测试时间是八年级上学期开学后。

②　因为各个属性的地位不同，所以不宜采取随机抽样的方式。

核心知识地位的 11 个属性(总数的 50％左右)(表 2.28 至表 2.33)。

**表 2.28 图形的认识:角**

| |
|---|
| G2.2 水平Ⅱ 比较角的大小(能估计一个角的大小,会计算角度的和与差) |
| G2.4 水平Ⅱ 角平分线及其性质(【注解】角平分线上的点到角两边的距离相等,角的内部到两边距离相等的点在角的平分线上) |

**表 2.29 图形的认识:相交线与平行线**

| |
|---|
| G3.3 水平Ⅰ 垂线段最短的性质,体会点到直线的距离的意义 |
| G3.5 水平Ⅱ 两直线平行,同位角相等;平行线的性质 |

**表 2.30 图形与变换:图形的平移**

| |
|---|
| G4.1 水平Ⅰ 认识平移(通过实例),平移的基本性质,理解对应点连线平行且相等的性质 |
| G4.2 水平Ⅱ 能按要求作出简单的平面图形平移后的图形 |

**表 2.31 图形与坐标**

| |
|---|
| G5.3 水平Ⅲ 在同一平面直角坐标系中,感受图形变换后点的坐标的变化 |

**表 2.32 图形的认识:三角形**

| |
|---|
| G6.1 水平Ⅲ 三角形的有关概念(内角、外角、中线、高、角平分线),会画出任意三角形的角平分线、中线和高 |

**表 2.33 图形的认识:视图与投影**

| |
|---|
| G7.1 水平Ⅰ 了解直棱柱、圆锥的侧面展开图,能根据展开图判断和制作立体模型 |

在此基础上,得到卷Ⅰ属性结构图,如图 2-8 所示。

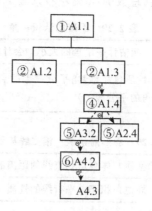

**图 2-8  卷 I 属性结构图**

在反映属性层次结构的可达矩阵（见表 2.34）的基础上，可以获得作为题目编制指导内容的属性与题目关系的缩减 $Q$ 矩阵。考虑到 8 个具体层次关系属性理论上可以在相关题目中拥有 $2^8$ 种组合形式，同时，特别考虑到了数学学科内容的特点，包括按照理论上的属性搭配模式编制的问题可能不是初中范围内有实质意义与价值的数学问题[①]；是否会生成过于复杂、难度过大的问题，如二元一次方程组与绝对值问题相结合或将多面体展开图与坐标系等内容相结合会造成问题难度过大；是否会造成试卷过长，如考虑属性 A1.2 是否会造成题目大量增加（因为 A1.2 相对独立）。

**表 2.34  卷 I：可达矩阵**

| 属性 | A1.1 | A1.2 | A1.3 | A1.4 | A2.4 | A3.2 | A4.2 | A4.3 |
|---|---|---|---|---|---|---|---|---|
| A1.1 | 1 | 1 | 1 | 1 | 1 | 1 | 1 | 1 |
| A1.2 | 0 | 1 | 0 | 0 | 0 | 0 | 0 | 0 |
| A1.3 | 0 | 0 | 1 | 1 | 1 | 1 | 1 | 1 |
| A1.4 | 0 | 0 | 0 | 1 | 1 | 1 | 1 | 1 |
| A2.4 | 0 | 0 | 0 | 0 | 1 | 0 | 0 | 0 |
| A3.2 | 0 | 0 | 0 | 0 | 0 | 1 | 1 | 1 |
| A4.2 | 0 | 0 | 0 | 0 | 0 | 0 | 1 | 1 |
| A4.3 | 0 | 0 | 0 | 0 | 0 | 0 | 0 | 1 |

---

①  如强行将两个数学内容联系在一起或者产生如二元一次方程组与绝对值问题相结合的难度过大的题目。

基于上述考虑，获得了如表 2.35 所示的缩减 $Q$ 矩阵(包括 11 类题目)。

**表 2.35 缩减 $Q$ 矩阵**

| 属性 | I1① | I2 | I3 | I4 | I5 | I6 | I7 | I8 | I9 | I10 | I11 |
|------|-----|----|----|----|----|----|----|----|----|-----|-----|
| A1.1 | 1 | 1 | 1 | 1 | 1 | 1 | 1 | 1 | 1 | 1 | 1 |
| A1.2 | 0 | 1 | 0 | 0 | 0 | 0 | 0 | 0 | 1 | 0 | 1 |
| A1.3 | 0 | 0 | 1 | 1 | 1 | 1 | 1 | 1 | 1 | 1 | 1 |
| A1.4 | 0 | 0 | 0 | 1 | 1 | 1 | 1 | 0 | 1 | 1 | 1 |
| A2.4 | 0 | 0 | 0 | 0 | 1 | 0 | 0 | 0 | 0 | 1 | 1 |
| A3.2 | 0 | 0 | 0 | 0 | 0 | 0 | 1 | 1 | 0 | 1 | 0 |
| A4.2 | 0 | 0 | 0 | 0 | 0 | 0 | 1 | 1 | 0 | 0 | 0 |
| A4.3 | 0 | 0 | 0 | 0 | 0 | 0 | 0 | 1 | 0 | 0 | 0 |

在此基础上，形成了卷 I 的各个测试题目②。

卷 II 采用与卷 I 同样的方法设计。(表 2.36、图 2-9)

**表 2.36 卷 II 可达矩阵**

| 属性 | G2.2 | G2.4 | G3.3 | G3.5 | G4.1 | G4.2 | G5.3 | G6.1 | G7.1 |
|------|------|------|------|------|------|------|------|------|------|
| G2.2 | 1 | 1 | 0 | 1 | 1 | 1 | 1 | 1 | 0 |
| G2.4 | 0 | 1 | 0 | 0 | 0 | 0 | 0 | 0 | 0 |
| G3.3 | 0 | 0 | 1 | 0 | 0 | 0 | 0 | 1 | 0 |
| G3.5 | 0 | 0 | 0 | 1 | 0 | 0 | 0 | 0 | 0 |
| G4.1 | 0 | 0 | 0 | 0 | 1 | 0 | 0 | 0 | 0 |
| G4.2 | 0 | 0 | 0 | 0 | 0 | 1 | 0 | 0 | 0 |
| G5.3 | 0 | 0 | 0 | 0 | 0 | 0 | 1 | 0 | 0 |
| G6.1 | 0 | 0 | 0 | 0 | 0 | 0 | 0 | 1 | 0 |
| G7.1 | 0 | 0 | 0 | 0 | 0 | 0 | 0 | 0 | 1 |

---

① 这里的符号 I1 不代表第一题，相关符号和测试题号的联系见附录 2。

② 见附录 2。

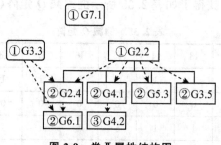

图 2-9　卷 II 属性结构图

依照卷 I 的分析方法获得如表 2.37 所示的缩减 $Q$ 矩阵。

表 2.37　卷 II 缩减 $Q$ 矩阵

| 属性 | I1 | I2 | I3 | I5 | I6 | I7 | I8 | I9 | I10 | I11 |
|---|---|---|---|---|---|---|---|---|---|---|
| G2.2 | 1 | 1 | 0 | 1 | 0 | 1 | 1 | 0 | 1 | 1 |
| G2.4 | 0 | 1 | 0 | 0 | 0 | 0 | 1 | 0 | 1 | 0 |
| G3.3 | 0 | 0 | 1 | 0 | 0 | 0 | 1 | 0 | 1 | 0 |
| G3.5 | 0 | 0 | 0 | 1 | 0 | 0 | 0 | 0 | 1 | 0 |
| G4.1 | 0 | 0 | 0 | 0 | 1 | 0 | 0 | 0 | 0 | 1 |
| G4.2 | 0 | 0 | 0 | 0 | 0 | 0 | 0 | 0 | 0 | 1 |
| G5.3 | 0 | 0 | 0 | 0 | 0 | 1 | 0 | 0 | 0 | 0 |
| G6.1 | 0 | 0 | 0 | 0 | 0 | 0 | 1 | 0 | 1 | 0 |
| G7.1 | 0 | 0 | 0 | 0 | 0 | 0 | 0 | 1 | 0 | 0 |

这是一个多点交叉结构的层次结构，并未包含在莱顿等人（Leighton，Gierl，Hunka，2004）提出的四种基本的层次结构中。这里未采取莱顿等人（Leighton，Gierl，Hunka，2004）建议的引入一个公共起点的建议，以免导致出现一个不易解释的属性（虽然可以解释为七年级几何学习的基础知识）。

在此 $Q$ 矩阵的基础上，所面对的问题是如何实现基于多级评分的认知诊断，下文将针对具体数据的情况，选择合适的属性能力的估计方式，完成其认知诊断过程。

## 二、数学教师变量的测量模型设计

本节基于邓肯和比德尔（Dunkin，Biddle，1974）给出的分析模型，结合已有的研究设计具体的有关前变量与过程变量的测量模型，从而得到了一个教师变量测量模型。

## (一)前变量的测量模型设计

前变量系统是邓肯和比德尔分析模型的重要组成部分，也是以往研究的基本关注点之一。结合已有研究与本研究数据收集的特点，获得下列前变量系统。

### 1. 教师的人口学背景

根据前文的综述可知，教师的人口学背景经常被包含在以往的研究中，这是一类较为容易测量的前变量。

从这个意义上讲，若能够发现这类变量对学生学业成就的预测作用，则可以在教育教学实践中使其发挥很好的作用(如若发现了学历对学生学业成就的预测作用，则可将其作为教师选拔或职称评定的重要依据)。

因此，在我国的教育教学背景下，结合已有的研究，可以被纳入(作为模型候选)本研究中的变量(投入变量)应包括如下几个(见表 2.38)。

**表 2.38 教师背景变量**

| 性别 | 被研究教师的性别 |
| --- | --- |
| 教龄 | 被研究教师从事教师职业的时间(以年为单位) |
| 教育背景 | 被研究教师所拥有的教育学历[专科、本科、硕士研究生(包括教育学硕士)、博士研究生] |
| 班主任身份① | 教师是否为所教班的班主任 |

对上述变量，将以教师问卷的形式获得相关的量化数据②。

本研究特别关注了班主任身份，将其作为了解教师影响、体现教师效能的重要变量。这是我国特有的现象。从经验上看，任班主任的数学教师往往会为本班学生提供更多的课时，同时对课堂教学的组织管理更有控制力，对学生的外在学习动力也有更好的促进作用。当然，以上的描述是基于日常教育实践的经验获得的，是否具有统计意义上的影响还需要在量化研究中加以证实，这也是本研究所考虑的。

另外，关于如何在模型中添加班主任变量是值得思考的。准确地说，班主

---

① 在实际的数据收集过程中没能够很好地完成对班主任变量的数据收集工作，对这个非常重要的变量的研究只能在以后进行。

② 基于北京师范大学数学科学学院与美国范德比尔特大学皮博迪(Peabody)学院的 MIST-CHINA 国际合作项目(后文简称为 MIST-CHINA 项目)中的教师问卷数据中反映的教师人口学信息。

任身份本质上不同于其他教师的外在变量(如教龄、受教育水平)，可以直接预测或影响教师知识水平与教学实践水平。班主任身份可以直接影响教学实践的时间与效果，甚至可以影响学生的动机因素进而影响学生的学业水平。从这个意义上说，在 HLM 中，对班主任因素应十分谨慎地加以处理。

### 2. 教师的知识

教师的知识是教学实践的源泉，是教育工作的前提(林崇德、申继亮、辛涛，1996)，所以本研究将尝试测量教师这两个维度的特征，并将其以一定的层次结构纳入模型之中。

对教师的知识测量，将核心放在教师的教学内容知识上，现在可以被采用的是做了微小改编的教师知识评价量表：Learning Mathematics for Teaching (LMT，学习数学教学)。(Hill, Schilling, Ball, 2004)

但实践的结果，是这个量表对本研究的参与教师而言实施的难度过低，未能达成测量教师 PCK 的目的，因此本研究仅在理论模型中保留这个维度，作为一个理论构建，但在实际分析中放弃这部分数据。

## (二)过程变量的测量模型设计：数学教师课堂教学实践的测量

教师与学生的直接作用主要是通过课堂教学实践进行的，也是通过教学过程产生的(王策三，1985)，因而教师的课堂教学实践是学生学业成就的直接影响因素。这个维度变量也是众多研究选择的关注点。(Needels, 1988; Brophy, Good, 1986; Cohen, Hill, 2000; Schacter, Thum, 2004; Frome, Lasater, Cooney, 2005; 黄慧静、辛涛，2007; Matsumura, et al., 2006; Stronge, Ward, Grant, 2011)

课堂教学是教师、学生在学校生活的基本内容，也是占据绝大多数时间的活动。探讨教师的课堂教学行为对学生学业成就的影响具有一定的传统意义，同时也体现了"过程—结果"的研究逻辑。

希伯特等人(Hiebert, Grouws, 2007)指出，对课堂教学的测量可能要难于对学生学习的测量。

针对量化刻画教师课堂教学实践，本研究利用了 MIST-CHINA 项目数据库中的课堂录像分析数据[①]。

录像的分析方法参考了美国匹兹堡大学(University of Pittsburgh)学习研究与发展中心(Learning Research and Development Center, LRDC)的课堂教

---

① 该框架主要由北京师范大学博士研究生秦华研发，笔者参与了其部分设计(设计了其中教师讲解部分的题目，制定了用于本研究的数据分析方法)。

学评价工具（Instructional Quality Assessment，IQA）（Junker，et al.，2006；Boston，Wolf，2006），之后开发、设计了测量数学课堂教学实践情况的量表。IQA 的设计侧重于利用"表现性"的形成性评价方式促进教师数学教学水平的提高，课堂观察、学生作业分析等多个分析方式被应用于其中。（Junker，et al.，2006）这是一种国际上十分重要的课堂教学评价工具。

　　MIST-CHINA 项目的课堂分析工具设计也沿用了该基本思想，力争关注有助于提高数学教师教学水平的课堂教学元素。考虑到其项目的研究目的、资源等方面的因素，故将关注点落实在基于录像的课堂观察研究方面。

　　在本研究的背景下，对 MIST-CHINA 项目的分析框架进行了再理解，目的是利用一个旨在分析课堂教学行为的分析框架，获得客观刻画教师课堂教学情况（主要为教师课堂教学行为）的数据。

　　MIST-CHINA 项目的分析框架包含若干个分析维度，主要涉及教学内容［参考 IQA 中学术严谨（Academic Rigor）内容］、教学过程［参考并丰富了 IQA 中的负责的谈话（Accoutable Talk）系列内容］、教学方式等维度。

　　考虑到本研究的目的和样本量，对 MIST-CHINA 项目的编码体系进行了重新整合，提取了三个基本的维度和相应的项目，三个维度中有两部分参考了利瓦什等人（Lipowshy，et al.，2009）运用的认知激励（Cognitive Activation）、支持性环境（Supportive Climate）、课堂管理（Classroom Management）的前两个维度。（图 2-10）

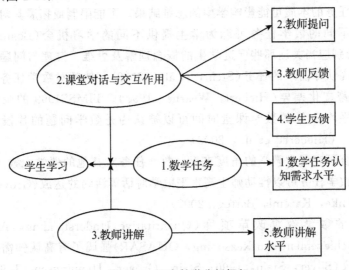

**图 2-10　课堂教学分析框架**

选择了三个在以往的研究中被关注的(包括推崇和批判)、同时具有相对成熟的课堂分析技术的维度作为本研究的课堂分析基本框架。同时,鉴于 MIST-CHINA 项目的量表与 IQA 的量表都是评价性量表,本研究在使用 IQA 的量表的部分题目时对其进行了修改,使得使用该量表时,对教师课堂教学行为是量化描述而非评价(虽然这种描述也带有一定的评价意义)。

由上述模型可以看出,强调了课堂任务与课堂教学的基础地位(Doyle,1983;Stein,Grover,Henningsen,1996),数学任务[或学术任务(Acdemic Task)、课堂任务(Classroom Task)]成为基本的处理单位,同时另外两个维度是围绕着数学任务展开的。(Henningsen,Stein,1997)

第 1 个维度主要探讨教学的学科属性,特别是对数学任务的认知要求(Stein,Grover,Henningsen,1996)的刻画。

解决数学问题作为数学教学的基本目标具有悠久的历史(Kilpatrick,1969)。数学任务涉及学生要达成什么样的结果、怎样达成、有什么资源可以利用(Doyle,1983),也是重要的课堂活动(指向特定的数学思想)。(Stein,Grover,Henningsen,1996)数学任务包括学生参与的项目(Projects)、题目(Questions)、问题(Problems)、构造(Constructions)、应用(Applications)或练习(Exercises)等,不仅可以指导学生关注学习内容的某些方面,同时也会影响他们获取信息的方式。(Cai,et al.,2009)

学生可以通过数学任务接触重要的数学观点(Henningsen,Stein,1997),因此数学任务的本质可能影响学生的思维结果,可能限制或拓展其对数学的学科观点。不同的数学任务可能为学生提供不同的学习机会(Boston,Wolf,2006),特别应当关注那些促进学生的概念理解及思维、推理与问题解决技能发展的有高认知需求的任务(Stein,et al.,2008),教师对数学任务的使用也可能具有跨文化差异(Hiebert,Wearne,1993)。TIMSS1999 的录像研究表明,各国平均 80% 的数学课堂时间可以被认为是数学问题的片段(Problem Segment)。(Hiebert,et al.,2003)

从系统研究课堂教学的角度来看,数学任务对其他的课堂元素产生影响,高水平的数学任务可以推动师生高水平数学对话等活动的达成(Groves,Doig,2004;Franke,Kazemi,Battey,2007)。

著名的数学教育改革项目(Quantitative Understanding,Amplifying Student Achievement and Reasoning,QUASAR)强调了有高认知需求的数学任务的意义(Silver,Stein,1996;Stein,Grover,Henningsen,1996),特别是强调了数学任务的认知需求在不同课程阶段的可能变化,以及被学生在课堂

教学中切实落实的数学任务才能影响到学生的学习(Stein，Grover，Henning-sen，1996；Henningsen，Stein，1997)，如图 2-11。

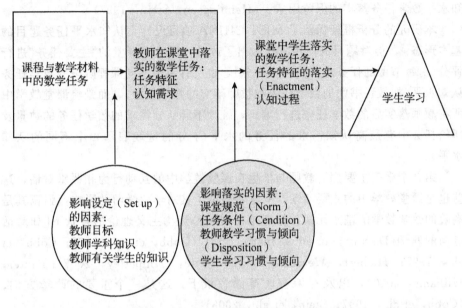

**图 2-11 任务相关变量与学生学习的关系**

来自英国的数学教育中的认知加速(Cognitive Acceleration in Mathematics Education，CAME)研究项目也表明认知互动(Cognitive Activity)可能与其落实的方式有关，从而会在不同的班级达成不同的效果。(Shayer，Adhami，2007)

IQA 评价体系继承了 QUASAR 项目的基本观点[①]，设计与任务有关的题目来评价教师在课堂教学中处理数学任务的情况(包括数学任务认知需求在不同课程阶段发生的变化)。这些题目从四个水平分析了数学任务的认知需求，强调不同数学内容之间的联系，以及促进学生处理复杂的、非算法化的数学思维任务，这也是一个比较通用的分析数学题目的方式(参见前文有关数学题目水平分类的综述)。MIST-CHINA 项目基本保留了数学任务的重要意义和 IQA 评论题目的基本形态，并将其应用于我国的课堂教学评价之中。

QUASAR 项目的研究支持了使用高认知水平数学任务的课堂对学生学业成就的正向影响(Silver，Stein，1996)，同时也强调数学任务应建立在学生已

①  两个研究项目同属于美国匹兹堡大学。

有的基础上，教师应支持学生思考和学生的高水平表现，并实质性地推动学生进行解释和意义建构（Meaning Making）。以上教学过程因素可作为支撑高认知水平数学任务落实的保障因素。（Henningsen，Stein，1997）

本研究的分析框架保留了 MIST-CHINA 项目设计高认知水平任务题目的基本形态①，但对题目的使用方式做出了改进，没有对课堂的"主要任务"进行评分（对每节课的任务水平给一个评分），也没有考虑不同课程阶段的数学任务认知水平（如教科书中的数学任务和教师落实的数学任务），而是将课堂教学中所有教师落实后的数学任务进行编码，统计不同认知需求的数学任务的数量及所给任务中有最高认知需求的任务的水平（4 分的量表表示 4 个不同的认知水平）。

第 2 个维度主要探讨教师与学生在课堂教学中的互动行为和课堂对话，这些也是课堂教学中的主要活动。有学者强调了其对学生学习的影响，强调其是高效的数学教学的基本元素，特别是在（社会）建构主义理论的背景下［如对话导向的教学（Discourse-oriented Instruction）］（Cobb，et al.，1992；Cobb，et al.，1997；Hiebert，Wearne，1993；Hattie，Timperley，2007；Baxter，Williams，2010），以及在课程改革的背景下，这是一个重要的改革方向。（Cobb，et al.，1997；Stein，et al.，2008）

对这个维度的刻画也有许多不同的方式。（Smith，1977；Turner，et al.，2003；曹一鸣、贺晨，2009；王立东，2009；王立东、王西辞、曹一鸣，2011）

因为以发展数学观为关注点的课堂对话的意义十分重要，所以学者们的分析角度也不尽相同，有的学者强调其发展公共的知识，有的学者强调这是发展数学实践，如解释、讨论（Franke，Kazemi，Battey，2007；Stein，et al.，2008），并给出了 4 个重要的教师实践：（1）期盼学生对丰富的数学任务的反馈；（2）在探究阶段，监控学生对任务的反馈；（3）在讨论与总结阶段，选择学生的反馈进行展示；（4）有目的地给需要展示的学生反馈排序，全面建立不同学生反馈间的联系。

按照弗兰克等人（Franke，Kazemi，Battey，2007）的研究综述，应当重点关注课堂对话如何帮助学生多样且深入地理解数学，创造一个共同的知识基础以便为后续课堂教学进行服务，形成课堂社会规范［特别是社会数学规范（Sociomathematical Norms）］，调和不同学生的观点，推动学生高阶思维。总

---

① 题目及编码标准见附录 7。

之，在以学生理解学术为核心的数学教学及支持学生数学理解发展的课堂文化建设中，课堂对话的作用十分重要，教师在其中发挥的作用也不容忽视。

本研究关注的是教师的提问、学生的反馈和教师的反馈活动。也就是关注"教师提问—学生反馈—教师反馈"的环节链[注意：这里的环节链仅代表一个最小的单元，并非传统意义上的孤立的启动反应评估（Initiation-Response-Evaluation，IRE)模式，而是以任务（包括重要的数学思想）为核心的由多个IRE组成的连贯的链条]。特别是高水平的提问与反馈活动，包括支持、推动学生对其观点的(细节性的、深入的)辩护和解释。

这里主要研究班级范围内的学习共同体（Learning Community)的建立，特别强调师生对这个共同体的贡献情况，其中主要针对教师对实现学生共同学习的推动工作，如教师调和、运用学生之间的不同观点，使其形成共识，推动学生进一步思考，完成深度的问题解决。同时，也强调教师要推动教学、参与探究，并负责确认学生的观点和过程(Cobb，et al.，1997；Carpenter，et al.，2004；Stein，et al.，2008；Wood，Williams，McNeal，2006)。

教师仅要求学生提供简单的、短小的、绝对正确的答案，封闭性的提问影响了课堂对话的质量。没有思想深度的"教师提问—学生回答—教师反馈"的环节链是需要反思的(如集中关注学生的正确回答，缺乏探索性思维的机会)，有目的性和建设性，能促进建立连贯性的、扩展性的探究与理解的对话才是重要的对话。(Alexander，2003；Tolley，et al.，2008)

特别需要关注的是，从系统研究课堂教学的角度来看，这些活动可能会影响实际落实的课堂任务的认知水平，进而影响学生参与高认知水平的数学活动(Stein，et al.，2008)，从而为问题解决教学提供保障。(Henningsen，Stein，1997)

虽然学生反馈的行为并非教师行为，但学生的反馈行为，特别是发言的机会(Opportunity to Talk)，是影响学生课堂数学学习的重要因素。(Hiebert，et al.，2003)我们强调教师的推动力量是学生高水平的反馈行为达成的重要因素，那么学生的反馈也可能在很大程度上反映教师的作用(行为)，因此，学生的行为也被列为本研究的关注变量[①]。

MIST-CHINA项目的量表对该维度的三个题目的设计参考了有关教师问题的认知需求的编码体系（Codes for Cognitive Demands of Teachers' Ques-

---

① 但在后续的 SEM 的研究中，因考虑到模型的复杂性和样本量，本研究舍弃了这个变量。

tions)、教师使用学生方法的编码体系(Codes for Teacher's Appropriation of Student Ideas)，以及 IQA 中的负责的谈话题目，旨在关注课堂对话的认知特质，特别是对高认知水平课堂任务落实的支持。本研究在使用该量表的过程中在使用方式上做了一定修改，以使该量表适用于对教师课堂教学行为进行客观刻画。该维度的 3 个题目都是 4 等级量表(1～4 分)。

第 3 个维度主要探讨教师(直接)讲解的情况。

教师讲授的教学方法或教学模式是"被改革"的焦点，特别是基于建构主义的改革观点所批判的模型或方法。(Windschitl，2002；曹一鸣，2003；张奠宙、宋乃庆，2004)

随着改革在各个国家的深入，有的学者开始反思教师讲解的价值，特别是在强调建构主义课堂教学元素的背景下，教师的讲解可以在诸如学生讨论出现困难的时候提供脚手架、总结必要的核心观点时发挥作用，以避免极端的"不教而教"。(Baxter，Williams，2010)

在我国数学课堂中教师讲解占有较大比重(Cao，Xu，Clarke，2008)，因此，讨论不同的教师课堂讲解行为对学生数学学业成就的影响是非常有意义的。

我们设计了 MIST-CHINA 项目分析框架中的教师讲解部分的题目(0～3分，4 个等级水平)。这个框架重点强调教师对数学内容间各种联系的概括和数学思想方法的总结。其中，对数学内容间各种联系的概括强调的是对联系的观点的关注，即数学概念、过程、观点、表征等方面的联系(黄翔，2001；Mamona-Downs，Downs，2008；Lipowsky，et al.，2009)；对数学思想方法的总结强调的是对我国数学教育界"四基"观点中有关基本数学思想方法观点的关注，特别是在"四基"进入 2011 年版义务教育数学课程标准的背景下(张奠宙、郑振初，2011；中华人民共和国教育部，2011)。

对上述三组(5 个题目)，采取由经过培训的编码者对课堂录像进行编码的形式获得量化数据，主要记载处于各个水平的各种行为的个数，以便保留原始数据，进而在后续的研究中探索将原始数据转化为回归模型中独立变量数据的方式。

需要说明的是，正如前文介绍过的拉维(Lavy，2016)的研究结果表明，不同的教学过程可能不是对立的(如"传统的教学过程"与"现代的教学过程")，可能是并存的，一同影响着学生的数学学业成就。因此，上述课堂教学实践的分析框架并不是唯一的、与其他分析框架对立的，而是给出了课堂教学实践的一种分析方式，或者说是给出了一种解构教师影响的可能方式和提高教师课堂教学水平的可能方向。

# 第三节 统计模型设计

本文用分析教师对学生数学学业成就的影响的基本模型来刻画具有层次结构的变量的层次线性模型和整体探讨潜变量的因果关系的结构方程模型。

层次结构遍布人类社会的各个方面，层次分析（Multilevel Analysis）刻画了组间（Cross-group）和环境间（Cross-context）的差异，如不同的班级间（教师的基本影响单位）与学校间（O'Connell，McCoach，2008）的差异。多层模型可以解决传统分析未能考虑到的处于同一群组内的个体之间可能存在关联性的问题（如由同一教师教授的不同学生的数学学习可能具有某种相似性）（Raudenbush，Bryk，2002），如图 2-12 所示。

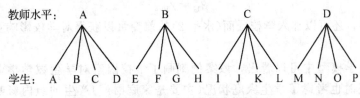

**图 2-12　多水平分析结构图**

当然，也存在更为复杂的结构（如同一个学生有不同的教师或对应不同的科目等），而它们需要利用更为复杂的统计模型来刻画，如前文综述过的增值模型。

可以参考下面的例子[①]（Ma，Ma，Bradley，2008），下面展示了 HLM 应用于组织效应分析的基本过程。

在学生内嵌于学校的背景下，首先从零模型（Null Model）出发：

$$Level1（Student）：Math\ Chievement = \beta_{0j} + r_{ij}$$
$$Level2（School）：\beta_{0j} = \gamma_{00} + u_{0j}$$

在零模型中可以通过方差分解的方式，通过计算学校水平对学生数学学业成就方差的解释率来从整体的角度分析学校影响的存在。例如，有学者（Ma，Ma，Bradley，2008）的零模型分析结果表明，有 34% 的学生其数学成绩变化来自学校。

学生模型：在学生水平加入控制变量（前变量）后，可获得更为精确的

---

① 这个例子在引用时有所改动和简化。

结果。

$$\text{Level1(Student)}: \text{Math Chievement} = \beta_{0j} + \beta_{1j}(\text{Educational Resources})_{ij} +$$
$$\beta_{2j}(\text{Family Possession})_{ij} + r_{ij},$$
$$\text{Level2(School)}: \beta_{0j} = \gamma_{00} + u_{0j},$$
$$\beta_{1j} = \gamma_{10},$$
$$\beta_{2j} = \gamma_{20}.$$

其中，$r_{ij}$ 为水平 1 的残差变量，$u$ 为水平 2 的残差变量，假设其都服从正态分布，$\beta_{1j}$，$\beta_{2j}$ 系列的变量在模型中被设置为定值，即水平 1 控制变量的影响系数（在本模型中为定值，即固定效应）。$i$ 指标代表学生，$j$ 指标代表分组（学校）。

$$\text{Level1(Student)}: \text{Math Chievement} = \beta_{0j} + \beta_{1j}(\text{SES})_{ij} + r_{ij},$$
$$\text{Level2(School)}: \beta_{0j} = \gamma_{00} + \gamma_{01}(\text{School SES})_j + u_{0j},$$
$$\beta_{1j} = \gamma_{10}.$$

此外，还可以加入学校层面（水平 2）的前变量以获得对学校影响更为精确的刻画。

从数学模型中可以看出，该案例刻画了学校因素对学生数学学业成就的影响，同时也考虑了学生家庭状况（主要是家庭财产）产生的组内影响。该案例假设学生家庭状况的影响在各学校之间保持恒定，结果显示若学校的平均社会经济状态每增长一个标准差，则学生的数学学习成绩增长 36 分。

同时，也可以预测该变量的影响 $\beta_{1j}$ 在各学校间存在差异，即

$$\text{Level2(Schools)}: \beta_{1j} = \gamma_{10} + u_{1j}.$$

另外，如果将学校社会经济状态变量拆解为多个变量，如学校位置（School Location）与学校自治（School Autonomy），同时也可以考虑这两个或多个因素的交互影响：

$$\beta_{0j} = \gamma_{01}(\text{School Location})_j + \gamma_{01}(\text{School Location} \times \text{School Autonomy})_j +$$
$$\gamma_{02}(\text{School Autonomy})_j + u_{0j}.$$

该模型的描述及构造过程为分析本研究所需要考虑的变量提供了良好的统计模型样板。可以认为学生在其所在班级组成一个群体，数学任课教师为这个群体数学成就影响的重要来源，进而刻画教师影响，即班级成为教师影响作用的基本单位。

对各个变量在模型中的位置和可能的层次关系，前文虽然有一定的理论分析和结构预测，但从基本的 HLM 的建构过程来看，需要有一个从零模型（或简单模型）开始的实验过程，以确定各个变量的影响性是否显著，再结合相应

的标准检验整体模型的拟合（Model Fit）是否最优化。

在层次线性模型参数估计结果的基础上，运用结构方程模型整体刻画课堂教学变量、学生数学成就变量以及其他前变量间的直接与间接关系，进而与 HLM 的运行结果进行交互验证。

# 第四节　研究样本及数据收集

本研究的样本确定与数据收集过程是针对前文的理论框架设计的。数据来自 MIST-CHINA 项目数据库，人员涉及我国 4 个大城市相关学区的教研员、教师与学生。① 4 个大城市分别位于我国的东北地区（编号为 A）、华北地区（编号为 B）、西南地区（编号为 C）、东南沿海地区（编号为 D）。

其中有效的学生数据来自位于东北地区、华北地区、西南地区的学区，来自东南沿海地区的学区未生成有效的学生数据（仅有教师数据）。本研究初始设计的样本来自 4 个大城市的学区。用近似分层随机抽样的方法从重点中学（示范中学）与非重点中学（普通中学）中近似随机抽取若干所初级中学（包括完全中学的初中部）。从每所学校的七年级中随机选取 5～7 名②数学教师作为教师样本，而对学生样本则通过计算统计功效（Statistics Power）来确定每位教师的最低选择（16 名学生）③。

在实际的实施过程中，采用近似分层抽样的方式（以学校、班级为单位进行数据收集）获得用于分析学生的有效数据④（包括来自 3 个学区的 1304 名学生的代数测试数据和课外学习情况调查数据，1390 名学生的几何测试数据和课外学习情况调查数据）。其中，1304 名学生的代数由 63 名教师教授，多数教师的班级里参加测试的学生大于或等于 16 名；1390 名学生的几何由 66 名教师教授，多数教师的班级里参加几何测试的学生大于或等于 16 名⑤。

在上述基本数据中，来自学区 B 和 C 的 36 名教师具有课堂录像数据（每

---

① 本研究所使用的数据是 MIST-CHINA 项目所采用的数据。笔者是该数据收集过程的主要设计者之一，北京师范大学、杭州师范大学、重庆师范大学的一些研究生都参与了数据收集过程。

② 若该校七年级教师不足 5 人，则选择全部教师。

③ 16 名学生完成卷 Ⅰ，16 名学生完成卷 Ⅱ。

④ 基本实现设计的抽样过程。

⑤ 这在某种程度上影响了本研究的统计功效，因此在对研究结论进行总结时需要注意那些没有发现统计显著性的研究结果。

人有 2 节连续的课)及人口学背景数据。这些教师任教班级的学生的代数测试数据量为 610(包括课外学习情况调查数据),学生的几何测试数据量为 631(包括课外学习情况调查数据,1 名教师所在班级的几何数据缺失,因此学生的几何测试数据对应的教师为 35 名)。

之所以选择七年级学生作为研究对象,除了因为其是良好的数据源,也是因为七年级本身作为初级中学的起始年级,在班级整群的层面上不存在前文综述过的教师影响的持续性问题(Konstantopoulos,Sun,2012),因此便于提纯出教师影响,特别是在需要建构相对新的、复杂的差异性教师影响模型时,样本数据的质量对探索新的教师影响模型无疑是非常重要的。在初步解决了差异性模型的结构问题(如认知诊断模型的应用)的基础上,再基于其他年级(如八年级)进行更为全面、深入的分析,是非常有效的措施。此外,科勒和格劳斯(Koehler,Grouws,1992)强调以往的研究倾向于低年级,而本研究更加倾向于中、高年级。

在本研究的结果分析与使用上需要注意的是,原始研究设计的统计功效计算是以 160 名教师为基础的,而实际收集的教师人数却大大减少。因此,在分析本研究的研究结果时,尤其是对没有达到显著性水平的结果,要考虑样本因素。

# 第三章 教师与学生变量测量模型的运行结果及讨论

针对前文描述的投入与产出变量的获取与分析方法，本章完成了对投入变量（教师变量）和产出变量（学生变量）的量化分析，并对数据分析结果进行了讨论，获得了用于后续基于统计模型的影响研究的数据基础。

## 第一节 学生数学学业评价数据分析与讨论（认知诊断模型的选择与改进）

本节基于收集到的学生数学学业成就测试结果，改进了已有的认知诊断模型，得到了关于学生数学学业成就的认知诊断评价结果。

### 一、基于代数测试数据的模型选择、改进与运行结果

首先对代数测试数据进行 CTT 质量分析。（图 3-1）

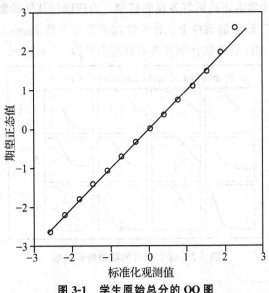

**图 3-1 学生原始总分的 QQ 图**

由图 3-1 可以看出，学生的原始总分分布呈现出了较好的正态性。

针对对各题的分析，计算各题的难度，结果见表 3.1。

**表 3.1　卷 Ⅰ 题目难度统计**

| A1 | A2 | A3 | A4 | A5 | A6 | A7 | A8 | A9 | A10 | A11 | A 附加 |
|------|------|------|------|------|------|------|------|------|------|------|------|
| 0.84 | 0.93 | 0.75 | 0.58 | 0.55 | 0.40 | 0.87 | 0.80 | 0.39 | 0.64 | 0.14 | 0.32 |

可以看出，题目难度有一定的覆盖范围——0.14～0.93。

由表 3.2 可知，从区分度的角度，可以看到各题都具有良好的区分度[1]〔都在 0.3 以上(马云鹏、孔凡哲、张春莉，2009)，且都具有统计显著性〕。

**表 3.2　卷 Ⅰ 题目区分度统计**

| A1 | A2 | A3 | A4 | A5 | A6 | A7 | A8 | A9 | A10 | A11 | A 附加 |
|-------|-------|-------|-------|-------|-------|-------|-------|-------|-------|-------|-------|
| 0.343 | 0.346 | 0.444 | 0.495 | 0.567 | 0.379 | 0.423 | 0.495 | 0.559 | 0.514 | 0.557 | 0.634 |

然后分析测试的信度，如表 3.3 所示，总体上信度良好。

**表 3.3　信度结果**

| α 信度 | 题目数 |
|--------|--------|
| 0.701 | 12 |

在上述 CTT 质量分析的基础上，下面将运用 IRT 模型对学生的能力参数进行估计，进而估计学生正确回答各题的概率，为后续的认知诊断分析奠定基础。

在具体的 IRT 模型的选择上，首先尝试选择三参数 Logistic(非条件多元)模型，使用 BILOG-MG 软件估计项目参数和能力参数。[2]（图 3-2、表 3.4、表 3.5)

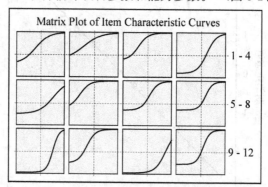

图 3-2　各个项目的项目特征曲线

---

① 通过 spearman 等级相关计算。
② 估计程序见附录 4。

表 3.4 题目参数(1)

| ITEM | SLOPE | THRE-SHOLD | ASYMP-TOTE | ITEM | SLOPE | THRE-SHOLD | ASYMP-TOTE |
|---|---|---|---|---|---|---|---|
| | S. E. | S. E. | S. E. | | S. E. | S. E. | S. E. |
| I1 | 0.663 | −0.674 | 0.297 | I8(4) | 1.365 | 0.523 | 0.359 |
| | 0.088* | 0.248* | 0.079* | | 0.341* | 0.115* | 0.041* |
| I2 | 0.549 | −1.298 | 0.390 | I8(11) | 1.500 | 1.581 | 0.041 |
| | 0.078* | 0.378* | 0.099* | | 0.336* | 0.104* | 0.010* |
| I3 | 0.962 | −1.190 | 0.392 | I9 | 1.074 | −0.893 | 0.258 |
| | 0.156* | 0.254* | 0.096* | | 0.134* | 0.157* | 0.072* |
| I4 | 0.959 | 0.673 | 0.105 | I10 | 0.899 | 2.324 | 0.040 |
| | 0.130* | 0.087* | 0.029* | | 0.191* | 0.241* | 0.011* |
| I5 | 0.657 | 1.594 | 0.260 | I11 | 1.430 | 0.273 | 0.236 |
| | 0.166* | 0.201* | 0.042* | | 0.273* | 0.096* | 0.041* |
| I6 | 0.939 | −1.796 | 0.392 | | | | |
| | 0.123* | 0.256* | 0.101* | | | | |
| I7 | 1.065 | 0.190 | 0.355 | | | | |
| | 0.223* | 0.162* | 0.056* | | | | |

表 3.5 各参数的描述统计(1)

| PARAMETER | MEAN | STN DEV |
|---|---|---|
| ASYMPTOTE | 0.261 | 0.132 |
| SLOPE | 1.005 | 0.306 |
| THRESHOLD | 0.109 | 1.304 |

由表 3.4 可以看出,多数题目都有明显的 $c$ 参数(平均值达到 0.261,标准误为 0.132)。这说明对这些题目的分析不能忽略干扰因素的影响。当然,典型的有关 $c$ 参数的使用是对客观题(单项选择题)中"猜测"情况的估计,即"下渐近线参数"。(Embretson,Reise,2000)

在本文中,因为从对数据结果的经验分析和表 3.4 中"强行"使用 $c$ 参数估计的结果上看,学生的反应受一定的非认知因素影响(如不认真地随机作答、抄袭等),所以无论是二参数 Logistic 模型,还是广义分部评分模型

(Generalized Partial Credit Model)都无法克服这种数据的不足。上述三参数分析的结果发现，对 $c$ 参数的估计结果良好（相对较小的标准误）。于是，在这样的背景下，重新审视 $c$ 参数的意义，将 $c$ 参数解释为"干扰参数"，作为对学生"非认知"反应的刻画。这里放弃了代数试卷最后两题的 3 级评分，而将其结果整合为 2 级评分，其中在 A11 题的原始分中，得 1 分的学生只占 2%，且 1 分和 2 分的等级对应同一个属性掌握模式，因此将得 1 分者和得 0 分者整合为 0 分。分析附加题得 1 分者的情况，发现得 1 分者皆为给出一组具体的勾股数的情况，与得 2 分者有较大的认知差距（Rojano，2008），同时 1 分和 2 分的等级对应同一个属性掌握模式。因此，考虑将 1 分与 0 分整合，即使是在得 1 分者占 45% 的情况下，也将代数试卷划分为 2 级评分试卷（图 3-3）。

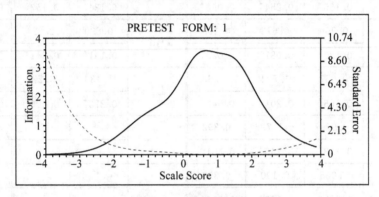

图 3-3　信息函数图像

如图 3-3 所示，从总信息函数的角度来看，可以看到测试为平均值（0）附近（偏向正向）提供了最好的能力估计值，这也是相对理想的信息函数形态。从各题目的信息函数的角度分析，可以看到，不同的题目在相对广泛的范围内提供了最好的能力估计值（见附录 4）。

因此，在后续的认知诊断分析中采取表 3.4 中的项目参数估计结果和同时估计得到的学生能力值。（图 3-4）

由图 3-4 可以看出，经过标准化处理（平均值化为 0，标准差化为 1）后具有良好的正态性，该能力值与学生的原始分[①]呈强正相关（0.974），从而可以用于后续的认知诊断分析。

不过，在估计学生能力值的时候，普遍有相对较大的标准误差（0.5 左右），这种误差可能来自测试执行时所出现的误差，如学生不认真作答甚至抄

---

① 0，1 计分，即 A11 题与 A 附加题采取前文所描述的 0，1 计分方式。

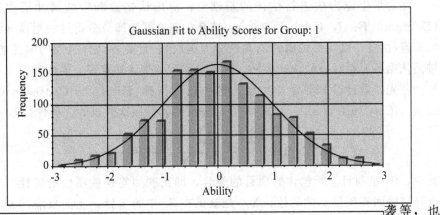

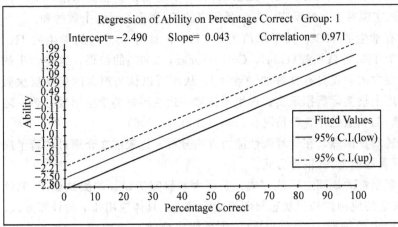

**图 3-4　能力估计分布图像**

是，鉴于上述程序所估计的学生能力值与原始分数呈显著的强正相关（0.971**[1]），并具有很好的正态性，同时在后续统计分析中本研究的基本关注单位是班级而不是学生个体（虽然同时也在学生水平上控制了一定的变量），因此仍然选取了上述程序估计结果。可以在这个数据的基础上，将能力变量认定为一个相对正确回答问题的概率估计（对一个题目的正确回答概率与错误回答概率的商取自然对数：$\ln \dfrac{P_{ij}(\theta)}{1-P_{ij}(\theta)}$）的等距数据（Embretson, Reise, 2000），这样才可以用于后续的认知诊断分析与相应的统计推理。

袭等，也可能来源于三参数模型的"强行"引入，这无疑不利于为后续的HLM提供一个具有较高信度的数据基础。但

---

①　与 0，1 计分生成的原始分。

在对学生能力值进行估计的基础上，应用认知诊断中的属性层次模型（Leighton，Gierl，Hunka，2004），结合在理论框架部分分析过的对认知结构的理解（由各个结构性的属性的属性能力组成），计算各认知属性的属性能力，进而依据各属性对应的认知水平，获得学生在各个认知水平上的成就。

首先，通过计算各个学生层次的一致性指标（Hierarchy Consistency Index，HCI）（Cui，et al.，2006）来评估先前的属性层次假设的合理性，即

$$\mathrm{HCI}_i = 1 - \frac{2\sum_{j \in s}\sum_{g \in s_j} X_{i_j}(1 - X_{i_g})}{N_{c_i}}。$$

其中，$S_j$ 是项目 $j$ 所包含的项目的集合，即正确回答这些项目的属性，同时也是正确回答项目 $j$ 的属性；$X_{i_g}$ 是被试在 $S_j$ 中的项目 $g$ 上的反应（0 或 1）；$X_{i_j}$ 是该被试在项目 $j$ 上的反应；$N_{c_i}$ 是所有的 $S_j$ 集合的元素个数的和。

计算所有学生的 HCI，其平均值为 0.75963，且有 73.8% 的学生的 HCI 近似大于或等于 0.7［依据崔（Gierl，Cui，Hunka，2007）的结果，这些学生的回答与属性层次的假设具有良好的一致性］，从而可以认为原有的属性层次假设在一定程度上被实际数据证实。这里不排除一致性不好的学生出现抄袭、随机作答（猜测）与创造性作答等情况。（Cui，et al.，2006）

基于上述质量保障，在计算属性能力方面分析、比较前文介绍过的若干属性掌握概率（属性能力）的估计方式。

首先依照通常的规则空间的方式，获得由本研究所设计的测试蓝图（属性层次结构）决定的应用性知识状态与期望反应模式，具体应用如下的计算方式。

由前面给出的缩减 $Q$ 矩阵（$Q_r$），获得期望项目反应模式（ERP）（共 20 个），形成期望反应矩阵 $E$（Gierl，Wang，Zhou，2008）（见表 3.6）及相应的假想学生的能力估计值（见表 3.7）。

表 3.6  期望项目反应模式

|   | I1 | I2 | I3 | I4 | I5 | I6 | I7 | I9 | I10 | I11 | A1.1 | A1.2 | A1.3 | A1.4 | A2.4 | A3.2 | A4.2 |
|---|----|----|----|----|----|----|----|----|-----|-----|------|------|------|------|------|------|------|
| 1 | 0 | 0 | 0 | 0 | 0 | 0 | 0 | 0 | 0 | 0 | 0 | 0 | 0 | 0 | 0 | 0 | 0 |
| 2 | 1 | 0 | 0 | 0 | 0 | 0 | 0 | 0 | 0 | 0 | 1 | 0 | 0 | 0 | 0 | 0 | 0 |
| 3 | 1 | 1 | 0 | 0 | 0 | 0 | 0 | 0 | 0 | 0 | 1 | 1 | 0 | 0 | 0 | 0 | 0 |
| 4 | 1 | 1 | 1 | 0 | 0 | 0 | 0 | 0 | 1 | 0 | 0 | 1 | 1 | 0 | 0 | 0 | 0 |

|    | I1 | I2 | I3 | I4 | I5 | I6 | I7 | I9 | I10 | I11 | A1.1 | A1.2 | A1.3 | A1.4 | A2.4 | A3.2 | A4.2 |
|----|----|----|----|----|----|----|----|----|-----|-----|------|------|------|------|------|------|------|
| 5  | 1  | 1  | 1  | 1  | 0  | 0  | 0  | 1  | 0   | 0   | 1    | 1    | 1    | 1    | 0    | 0    | 0    |
| 6  | 1  | 1  | 1  | 1  | 0  | 0  | 1  | 1  | 1   | 1   | 1    | 1    | 1    | 1    | 0    | 0    | 0    |
| 7  | 1  | 1  | 1  | 1  | 0  | 1  | 1  | 1  | 1   | 1   | 1    | 1    | 1    | 1    | 1    | 1    | 0    |
| 8  | 1  | 1  | 1  | 1  | 1  | 1  | 1  | 1  | 1   | 1   | 1    | 1    | 1    | 1    | 1    | 1    | 1    |
| 9  | 1  | 0  | 1  | 0  | 0  | 0  | 0  | 0  | 0   | 0   | 1    | 0    | 1    | 0    | 0    | 0    | 0    |
| 10 | 1  | 0  | 1  | 1  | 0  | 0  | 0  | 0  | 0   | 0   | 1    | 0    | 1    | 0    | 0    | 0    | 0    |
| 11 | 1  | 0  | 1  | 1  | 1  | 0  | 0  | 0  | 0   | 0   | 1    | 0    | 1    | 1    | 0    | 0    | 0    |
| 12 | 1  | 0  | 1  | 1  | 1  | 1  | 0  | 0  | 1   | 0   | 1    | 0    | 1    | 1    | 1    | 1    | 0    |
| 13 | 1  | 0  | 1  | 1  | 1  | 1  | 0  | 0  | 0   | 0   | 1    | 0    | 1    | 1    | 0    | 1    | 1    |
| 14 | 1  | 0  | 1  | 1  | 0  | 0  | 0  | 0  | 0   | 0   | 1    | 0    | 1    | 1    | 0    | 0    | 0    |
| 15 | 1  | 0  | 1  | 1  | 0  | 1  | 1  | 0  | 0   | 0   | 1    | 0    | 1    | 1    | 0    | 1    | 1    |

表 3.7　假想学生的能力估计值[1]

| ERP | 1 | 2 | 3 | 4 | 5 | 6 | 7 | 8 | 9 | 10 |
|-----|---|---|---|---|---|---|---|---|---|----|
| 相应假想学生能力值 | −2.0887 | −1.9240 | −1.7171 | −0.9976 | −0.7845 | −0.3215 | 0.4464 | 0.8676 | 2.1092 | −1.6363 |

| ERP | 11 | 12 | 13 | 14 | 15 | 16 | 17 | 18 | 19 | 20 |
|-----|----|----|----|----|----|----|----|----|----|----|
| 相应假想学生能力值 | −1.5004 | −1.4292 | −0.7606 | 0.2974 | 0.2974 | −1.6363 | −1.5004 | −0.9633 | −0.7441 | 0.5046 |

　　可以注意到，受题目数量和数学本质[2]的限制，有两个属性掌握模式对应

---

　　① 　假想有某些学生按照期望的反应模式作答。

　　② 　部分属性若强行组成试题，则缺乏数学意义或使题目过于复杂。例如，绝对值与二元一次方程问题的整合会使题目变得过于复杂。

的是同一个项目反应模式，也就是说 ERP14 和 ERP15 的期望项目反应模式相同。对这个问题将在后续的属性能力的估计过程中进行某种加权处理。

在此基础上，依据实践数据选择属性掌握概率的计算方法。

【尝试一】

先基于莱顿等人(Leighton，Gierl，Hunka，2004)提出的，涉及观测反应模式(Observed Response Pattern)和期望反应模式判定的方式中的 A 方法，结合龙冈(Tatsuoka，2009)研究中的属性掌握概率的概念获得一个新的属性能力的计算方式，具体过程如下。

对一个实际反应模式：$\alpha_i = (i_1, \cdots, i_{11})$，$i_n = 0, 1$。

计算其由某个特定的期望反应模型"滑动"而来的后验似然，

$$P_{ijExpected}(\theta_j) = \prod_{j_p \in J_1} p_{j_p}(\theta_j) \prod_{q^j \in J_2} [1 - p_{q^j}(\theta_j)]。$$

其中，$\theta$ 为第 $i$ 个期望反应模式对应的学生的能力估计值，由三参数 Logisitc 模型给出：

$$p_i = c_i + (1 - c_i) \frac{1}{1 + \exp[-Da_i(\theta - b_i)]}。$$

具体见表3.8。

表3.8  学生能力估计值

| ERP | 1 | 2 | 3 | 4 | 5 | 6 | 7 | 8 | 9 | 10 |
|---|---|---|---|---|---|---|---|---|---|---|
| $\theta$ | −2.07806 | −1.8899 | −1.51411 | −1.15714 | −1.07191 | −0.59866 | 0.048934 | 0.973811 | 2.109007 | −1.71473 |
| ERP | 11 | 12 | 13 | 14 | 15 | 16 | 17 | 18 | 19 | 20 |
| $\theta$ | −1.687 | −1.6199 | −1.5192 | 0.567743 | 0.567743 | −1.71473 | −1.687 | −1.63626 | −1.2349 | −0.21104 |

上式中 $J_1 = \{j_i : V_j - Y_j = -1, i = 1, 2, \cdots, J\}$ 表示期望反应模式的反应为 0，而观测反应模式的反应为 1 的项目的集合；$J_2 = \{j_i : V_j - Y_j = 1, i = 1, 2, \cdots, F\}$ 表示期望反应模式的反应为1，而观测反应模式的反应为0的项目的集合。从而形成一个后验似然：$P_{ijExpected}$。为了更为准确地获得对某个学生在某个属性上的掌握情况的估计，参考龙冈(Tatsuoka，2009)在研究中给出的求属性掌握概率的方式，通过综合考虑某个观察反应模式由某个期望属性掌握模式形成的可能性，给出了如下对属性掌握概率的刻画，从而可以获得某个特定观测反应模式的学生在某个特定属性上的掌握概率（分数）的估计值：

$$S_{ij} = \frac{\prod\limits_{j=1}^{n} P_{ijExpected} b_{jm}}{\sum\limits_{j=1}^{20} P_{ijExpected}}, \quad b_{jm} = 0, 1,$$

其中，$b_{jm}$ 表示第 $j$ 个期望反应模式在第 $m$ 个属性上的掌握情况，用 0，1 来刻画。

采用上述属性掌握概率作为学生在某个属性上的学业成就情况的量化刻画，即属性能力。(Xin，Xu，Tatsuoka，2004)但基于现有的数据，发现用该方法计算出的结果存在一定问题，见表 3.9。

表 3.9　各属性掌握分数相关系数

| 属性 | A1.1 | A1.2 | A1.3 | A1.4 | A2.4 | A3.2 | A4.2 | A4.3 | IRT |
|------|------|------|------|------|------|------|------|------|-----|
| A1.1 | 1 | 0.187** | 0.820** | 0.047 | −0.633** | −0.830** | −0.732** | −0.643** | −0.886** |
|      |   | 0.000 | 0.000 | 0.081 | 0.000 | 0.000 | 0.000 | 0.000 | 0.000 |
| A1.2 | 0.187** | 1 | 0.131** | −0.121** | 0.108** | −0.517** | −0.581** | −0.541** | −0.096** |
|      | 0.000 |   | 0.000 | 0.000 | 0.000 | 0.000 | 0.000 | 0.000 | 0.000 |
| A1.3 | 0.820** | 0.131** | 1 | 0.479** | −0.563** | −0.774** | −0.782** | −0.729** | −0.870** |
|      | 0.000 | 0.000 |   | 0.000 | 0.000 | 0.000 | 0.000 | 0.000 | 0.000 |

通过相关分析可知，学生在某些属性上的掌握概率与另外一些属性的掌握概率呈负相关，而且相关系数较大，学生的 IRT 估计能力值[①]与部分属性能力呈负相关。

特别是所有水平Ⅱ属性的平均值与水平Ⅲ属性的平均值的相关系数达到−0.85273，且各个学生的属性能力都较小，如学生所有水平Ⅱ属性得分平均值的平均值仅为 0.167624，水平Ⅲ属性得分平均值的平均值仅为 0.081807[当然，这个值并没有一个可供参考的满分值，与莱顿等人(Leighton，Gierl，Hunka，2004)发现的 A 方法估计值较小的情况相似]。

显然，这种现象与教育实践中的经验是不相符的，或者说它是不易解释的。通常的认识是在同一个领域的学习中，不同的内容之间的学习情况在一个群体中应当具有一定的一致性(呈正相关或无相关)，因此呈强负相关的情况无疑是值得怀疑的(特别是在针对教学实践设计的测试的背景下)。

———————

① 在表格中以 BILGdata(二进制数据)表示。

经过分析可以看出，这是在对学生进行多维认知评价的时候使用具有单维假设的 IRT 模型所带来的问题，即在计算滑动似然的时候，单维的 IRT 模型无法精确刻画相应的似然。因此，对认知诊断理论而言，这个经验性结果给出了基于单维 IRT 的多维认知诊断分析可能会出现的某种问题。

依照这个经验，本研究没有尝试龙冈（Tatsuoka，2009）的基于 IRT 的方式，因为担心可能会出现降维带来的信息损失（孙佳楠等，2011），同时计算属性掌握概率也要做出许多假设，如对先验概率的假设等。（Tatsuoka，2009）在这样的情况下，本研究将关注非 IRT 的方式。

【尝试二】

尝试朱金鑫等人提出的非 IRT 的属性掌握概率的估计方法，其估计结果不存在上一方法中所出现的负相关和估计值过小的问题，但出现了一个新问题：涉及题目较少的属性，其掌握概率估计结果较为单一，如表 3.10 反映的对 A2.4 的属性掌握概率估计，以及表 3.13 反映的对 A4.3 的属性掌握概率估计。这种单一现象使得对某些属性的掌握分数的估计过于依赖单一的题目，而忽略了各个属性之间的相关性对估计某些属性掌握概率的贡献，如有理由期望在低一层次掌握较好的学生比掌握较差的学生更有可能掌握更为高级的属性（后文分析的神经网络模型可以实现这点）。这种分母值较为单一的现象是由属性 A4.3 仅有两道测试题目造成的。某些属性的掌握概率估计过于依赖单一的题目，忽略了各个属性之间的相关性对估计某些属性掌握概率的贡献，如可以预测在低一层次掌握较好的学生比掌握较差的学生更有可能掌握更为高级的属性，后续的神经网络模型可以解决这个问题。（表 3.10 至表 3.13）

表 3.10　属性 A2.4 属性掌握分数统计

| 掌握概率的估计值 | 频数 | 比例/% |
| --- | --- | --- |
| 0 | 410 | 29.8 |
| 0.33333 | 542 | 39.3 |
| 0.66667 | 376 | 27.3 |
| 1 | 50 | 3.6 |

表 3.11 属性 A3.2 属性掌握分数统计

| 掌握概率的估计值 | 频数 | 比例/% |
|---|---|---|
| 0 | 556 | 40.3 |
| 0.033333 | 20 | 1.5 |
| 0.066667 | 186 | 13.5 |
| 0.1 | 11 | 0.8 |
| 0.13333 | 20 | 1.5 |
| 0.2 | 370 | 26.9 |
| 0.26667 | 61 | 4.4 |
| 0.4 | 11 | 0.8 |
| 0.6 | 3 | 0.2 |
| 0.8 | 102 | 7.4 |
| 1 | 38 | 2.8 |

表 3.12 属性 A4.2 属性掌握分数统计

| 掌握概率的估计值 | 频数 | 比例/% |
|---|---|---|
| 0 | 556 | 40.3 |
| 0.16667 | 217 | 15.7 |
| 0.33333 | 451 | 32.7 |
| 0.66667 | 11 | 0.8 |
| 1 | 143 | 10.4 |

表 3.13 属性 A4.3 属性掌握分数统计

| 掌握概率的估计值 | 频数 | 比例/% |
|---|---|---|
| 0 | 556 | 40.3 |
| 0.5 | 668 | 48.5 |
| 1 | 154 | 11.2 |

同时，该结果中出现了低水平属性能力和高水平属性能力"倒挂"的现象，如所有学生属性 A1.1 的属性能力的平均值为 0.045087，作为最基础且需要掌握的属性，其得分反而低于其他所有的属性的得分，这无疑有悖于教育经验。

经过分析，发现出现这种现象的原因是该估计方法依赖于项目数量，而本代数测试的项目数量却有限。同时，这也是一种基于数据的模型，由于它抛开了属性的层次结果的假设，因此有了出现"倒挂"现象的可能。

分析上述不足，决定尝试第三种计算方式，即应用前文已叙述过的人工神经网络学习模型。（Mislevy，2006；Gierl，Cui，Hunka，2007；Gierl，Wang，Zhou，2008）参照吉尔等人（Gierl，Cui，Hunka，2007；Gierl，Wang，Zhou，2008)所描述的技术过程，将前文生成的 20 个与期望属性掌握模式相对应的期望反应模式作为样本，即将 20 个 12 维向量作为模型训练的输入，而将 20 个期望反应模式作为期望变量(Desired Variables)，即将 20 个 8 维向量作为模型训练的输出。采用 Logistic 函数（S 形曲线）作为隐藏层（Hidden Layer)和输出层（Output Layer）的激发函数（Activition Function）。选择 SPSS16.0 的默认设置［如多层感知器（Multilayer Perceptron)过程、Batch 类型的训练类型、自动生成隐藏层单元数等］，获得估计结果，形成权重矩阵(结构如图 3-5)。

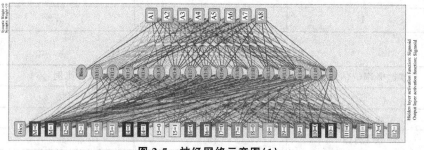

**图 3-5　神经网络示意图(1)**

这个权重矩阵和激发函数是连接前文所述实际反应模式与属性能力的映射，需注意这是一个基于理论假设而非基于数据的模型。

进而将学生的项目反应作为向量，输入属性能力。SPSS 自动生成了 16 个隐藏层，估计效果良好。使用第一次估计的结果，忽略可能出现的不同训练过程产生的结果的较细微的差异①。（表 3.14）

**表 3.14　拟合指标(1)**

| Sum of Squares Error | Average Overall Relative Error | Stopping Rule Used |
| --- | --- | --- |
| 0.013 | 0.001 | Maximum Number of Epochs(100) Exceeded |

---

① 基于与加拿大阿尔伯塔大学 Gierl 教授的交流。

对前文叙述的两个模型出现的问题，神经网络模型都提供了良好的解决办法，各个属性之间均呈正相关，具体的相关分析见表 3.15。

**表 3.15　属性掌握分数的相关分析**

| 属性 | A1.1 ANN12 | A1.2 ANN12 | A1.3 ANN12 | A1.4 ANN12 | A2.4 ANN12 | A3.2 ANN12 | A4.2 ANN12 | A4.3 ANN12 |
|---|---|---|---|---|---|---|---|---|
| A1.1 ANN12 | 1 | 0.578** | 0.681** | 0.669** | 0.250** | 0.533** | 0.255** | 0.202** |
| | | 0.000 | 0.000 | 0.000 | 0.000 | 0.000 | 0.000 | 0.000 |
| A1.2 ANN12 | 0.578** | 1 | 0.262** | 0.366** | 0.307** | 0.298** | 0.151** | 0.176** |
| | 0.000 | | 0.000 | 0.000 | 0.000 | 0.000 | 0.000 | 0.000 |
| A1.3 ANN12 | 0.681** | 0.262** | 1 | 0.649** | 0.210** | 0.543** | 0.236** | 0.152** |
| | 0.000 | 0.000 | | 0.000 | 0.000 | 0.000 | 0.000 | 0.000 |
| A1.4 ANN12 | 0.669** | 0.366** | 0.649** | 1 | 0.387** | 0.872** | 0.535** | 0.350** |
| | 0.000 | 0.000 | 0.000 | | 0.000 | 0.000 | 0.000 | 0.000 |
| A2.4 ANN12 | 0.250** | 0.307** | 0.210** | 0.387** | 1 | 0.397** | 0.206** | 0.277** |
| | 0.000 | 0.000 | 0.000 | 0.000 | | 0.000 | 0.000 | 0.000 |
| A3.2 ANN12 | 0.533** | 0.298** | 0.543** | 0.872** | 0.397** | 1 | 0.685** | 0.453** |
| | 0.000 | 0.000 | 0.000 | 0.000 | 0.000 | | 0.000 | 0.000 |
| A4.2 ANN12 | 0.255** | 0.151** | 0.236** | 0.535** | 0.206** | 0.685** | 1 | 0.654** |
| | 0.000 | 0.000 | 0.000 | 0.000 | 0.000 | 0.000 | | 0.000 |
| A4.3 ANN12 | 0.202** | 0.176** | 0.152** | 0.350** | 0.277** | 0.453** | 0.654** | 1 |
| | 0.000 | 0.000 | 0.000 | 0.000 | 0.000 | 0.000 | 0.000 | |

由表 3.15 可知，这个结果与周超(2009)对各个认知水平进行相关研究获得的结果是一致的[虽然对认知水平的认识和处理方式(如基于题目、教学目标、内容)有所差异]。

各个属性能力(包括测试题目较少的属性)的估计结果不再是单一的(如图 3-6 所示，可比较两种方法对同一属性能力的估计结果的直方图[1])。

---

①　左侧为神经网络方法的结果，右侧为 Zhu 方法的结果。

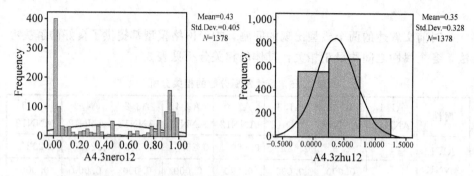

**图3-6 不同方法估计的属性4.3的掌握分数的分布对比**

可以认为神经网络模型能够很好地利用各个属性之间的联系（特别是层次关系）来更精细地估计属性能力。神经网络模型的特点决定了这个特征，即不同题目的反应通过权重为对属性能力的估计提供了贡献，如很好地掌握了属性A4.3全部上位属性的学生对A4.3的掌握情况估计很有可能好于未能很好地掌握这些属性的学生对其的掌握情况（纵使两类学生都错误地回答了A4.3的有关题目）。考虑到仅有一个属性属于水平Ⅰ，容易造成内容效度不佳，同时又考虑到后续回归分析与解释的复杂性因素，因此将属性A1.1，A1.2，A1.3，A1.4整合为一个相对低的认知水平①，而将属性A2.4，A3.2，A4.2，A4.3整合为一个相对高的认知水平，最后通过对四个属性能力进行去平均数运算来刻画学生在上述认识水平上的学习成就。

按照认知属性对各个学生的属性能力取平均值（以便保持各水平之间的可比性），从而获得学生在各认知水平上的成就的估计值，绘制成如图3-7、图3-8所示的统计图。

观察并比较图3-7中的统计图，发现两个认知水平属性能力的正态性情况不好，可能是由于多数学生在低水平的任务中回答情况较好（因而出现相当的偏峰），同时用来反映在两个认知水平掌握情况的属性较少（只有4个）的缘故，即使用多个属性相加来刻画对某个认知水平的掌握情况，也未达到辛等人（Xin，Xu，Tatsuoka，2004）所期望的正态性的效果，从而更支持了豪乌和马什（Hau，Marsh，2004）有关Item parcel的方式未必能够提高正态性的模拟研究结论。

---

① 为了保持代数和几何的结论的一致性，后续的几何研究对应地将三个认知水平分为低认知水平、中等认知水平和高认知水平。

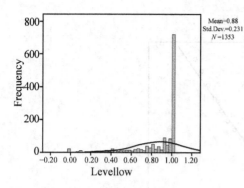

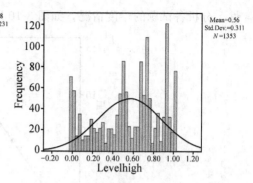

图 3-7　相对低认知水平参数估计分布　　图 3-8　相对高认知水平参数估计分布

因而需要将这些属性能力进行标准正态化处理，进而得到新的具有良好正态性的估计结果，如图 3-9 所示。

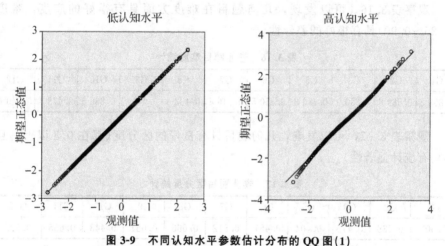

图 3-9　不同认知水平参数估计分布的 QQ 图(1)

经过比较，发现上述两个数据形成了对学生在代数内容上能力水平的更为精细的刻画，于是可作为后续影响研究的回归分析的独立变量。

## 二、基于几何测试数据的模型选择、改进与运行结果

下面针对几何测试的数据进行分析。

与对代数试题的分析类似，首先从 CTT 的角度进行质量分析。[①]

与代数测试中的情况类似，几何测试的原始分结果也呈现出了良好的正态

———————

① G4 题由于试卷印刷出现问题被删除。

性。分析各试题的难度情况，如图 3-10 所示。

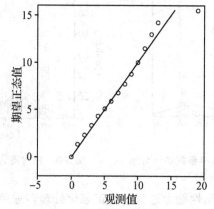

**图 3-10　卷Ⅱ原始分分布 QQ 图**

观察表 3.16，可以发现，几何题目在难度方面具有很好的广度，难度（0.25～0.90）具有很好的差异性。

**表 3.16　卷Ⅱ题目难度统计**

| G1 | G2 | G3 | G5 | G6 | G7 | G8 | G9 | G10 | G11 | G12 |
|---|---|---|---|---|---|---|---|---|---|---|
| 0.896 2 | 0.589 8 | 0.830 9 | 0.750 8 | 0.850 5 | 0.246 4 | 0.482 8 | 0.610 7 | 0.860 6 | 0.478 4 | 0.040 4 |

观察表 3.17，可以发现，几何题目具有良好的区分度（都在 0.3 以上，且都具有统计显著性）。

**表 3.17　卷Ⅱ题目区分度统计**

| G1 | G2 | G3 | G5 | G6 | G7 | G8 | G9 | G10 | G11 | G12 |
|---|---|---|---|---|---|---|---|---|---|---|
| 0.303 | 0.536 | 0.475 | 0.404 | 0.451 | 0.512 | 0.665 | 0.651 | 0.443 | 0.665 | 0.325 |

下面在 CTT 质量分析的基础上，对几何试题进行 IRT 分析与参数估计。与对代数测试的分析类似，仍然首先采用三参数的 Logistic 模型对几何数据进行拟合。因为这种模型只能针对两级评分的情况，所以针对部分主观题的等级评分情况，分析不同等级所对应的属性掌握情况，鉴于 G11 题的两个设问属于平行设置，即得 1 分的学生回答问题的情况不尽相同（当然两个设问有难易之分），且两个等级对应的属性掌握模式相同，因此在最初的估计中，将得 1 分的学生整合为 0 分，将得 2 分的学生整合为 1 分。鉴于 G12 题得 2 分的学生占比不到 2%，难度过大，且两个等级对应的属性掌握模式相同，所以尝试将得 2 分和得 1 分的学生合并为 1 分。

在这些操作的基础上，对照着代数测试，使用相同的方式获得对几何测试的参数估计，见表 3.18、表 3.19。

表 3.18　题目参数(2)

| ITEM | SLOPE S. E. | THRESHOLD S. E. | ASYMPTOTE S. E. | ITEM | SLOPE S. E. | THRESHOLD S. E. | ASYMPTOTE S. E. |
|---|---|---|---|---|---|---|---|
| I1 | 0.649 | −1.574 | 0.478 | I8(7) | 1.388 | 0.193 | 0.079 |
| | 0.094* | 0.392* | 0.106* | | 0.161* | 0.059* | 0.023* |
| I2 | 1.375 | 0.353 | 0.327 | I8(8) | 1.262 | −0.212 | 0.109 |
| | 0.301* | 0.102* | 0.039* | | 0.132* | 0.074* | 0.032* |
| I3 | 1.307 | −0.805 | 0.370 | I8 (12) | 1.042 | −1.157 | 0.342 |
| | 0.205* | 0.176* | 0.078* | | 0.132* | 0.203* | 0.089* |
| I5 | 0.600 | −0.573 | 0.337 | I9 | 0.858 | 1.095 | 0.095 |
| | 0.087* | 0.301* | 0.084* | | 0.132* | 0.095* | 0.025* |
| I6 | 1.056 | −1.104 | 0.325 | I10 | 1.083 | 2.468 | 0.030 |
| | 0.143* | 0.199* | 0.086* | | 0.267* | 0.261* | 0.008* |
| I7 | 1.018 | 1.177 | 0.059 | | | | |
| | 0.148* | 0.085* | 0.017* | | | | |

表 3.19　各参数的描述统计(2)

| PARAMETER | MEAN | STN DEV |
|---|---|---|
| ASYMPTOTE | 0.232 | 0.158 |
| SLOPE | 1.058 | 0.271 |
| THRESHOLD | −0.013 | 1.220 |

这里遇到了与代数测试类似的情况，即有较大的 $c$ 参数(平均值为 0.232，标准误为 0.158)，因此采取了类似的方式，得到了本次测试的最终结果(图 3-11)。

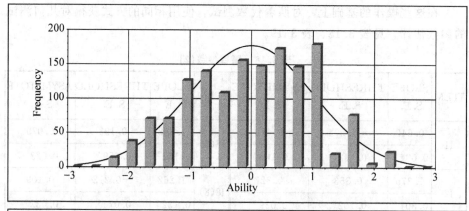

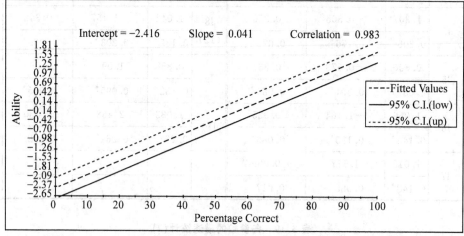

图 3-11　学生的能力估计情况

观察图 3-11，可以发现，学生的能力估计在主体部分具有良好的正态性，同时与原始分呈强线性相关。其中的问题是学生的能力估计有较大的标准误差（0.5 左右），这种误差估计来自测试执行时所出现的误差，比如学生不认真作答甚至抄袭等，也可能来源于三参数模型的引入，这无疑将不利于为后续的 HLM 提供一个具有较高信度的数据基础，需要在后续的分析和对结果的质量评估中加以考虑。当然，鉴于对个体学生进行估计和得到成绩报告不是本研究的目的，因此这个情况是可以接受的。

分析学生反应模式与属性层次的假设的拟合关系（计算 HCI）可以获得很好的结果。

可以看到，所有学生的属性层次一致性指标良好。分析其原因，可能与几何试卷的层次性结构以及各试题的相关性都较弱有关（相对代数试卷）。

在上述 IRT 参数估计的基础上，进行与代数测试相同的认知诊断分析，获得相应的期望反应模式，进而获得各个属性及各个认知水平上的能力估计，并将它们作为后续回归分析的独立变量。

与代数测试一样，首先获得应用性知识状态与相应的期望反应模式。[1][2]由于几何的结构性较差，因此应用性的知识状态和期望的反应模式都较多，从而使用了一些计算机程序（见附录 8）。

在此基础上，与代数测试相同，用同样的分析过程来计算各个属性的属性能力，进而按照各个属性所属的认知水平，通过取平均值的方式计算学生在各个认知水平上的学业成就水平。

基于在代数测试分析中获得的经验，尝试使用在代数测试中应用良好的神经网络模型，运用与代数测试分析同样的模型设置（人工设置了 18 个隐藏层单元个数，其余采用 SPSS16 的默认设置），第二次训练获得了如表 3.20 所示的结果（模型拟合数据效果良好）。（图 3-12）

表 3.20 拟合指标（2）

| Model Summary | Training | | |
| --- | --- | --- | --- |
| | Sum of Squares Error | Average Overall Relative Error | Stopping Rule Used |
| | 0.086 | 0.001 | Training error ratio criterion(0.001) achieved |

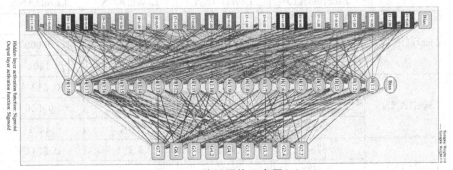

图 3-12 神经网络示意图（2）

① 感谢北京师范大学孙佳楠、包钰同学提供的由可达矩阵生成知识状态的计算结果[基于丁树良等人（2009）的算法和 R 语言程序]。

② 由应用性属性掌握模式和 $Q$ 矩阵生成期望反应模式的 Matlab 程序见附录 5。

三个水平的属性能力的分布如图 3-13 所示(从左到右、从低到高)。

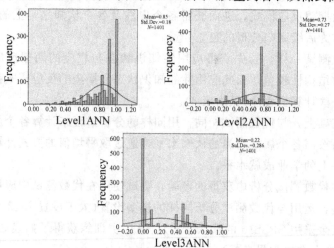

图 3-13　不同认知水平参数估计分布图

从图 3-13 中可以发现,各属性间有较强的相关性(包括与几何成绩的 IRT 估计值的较强相关性),同样没有出现难以解释的强负相关现象,说明各个认知水平间(包括与整体水平间)的学习具有一致性。

表 3.21 中的结果与周超(2009)对各个认知水平进行相关研究获得的结果是一致的(虽然对各个认知水平的认知有所差异)。

表 3.21　不同认知水平参数估计相关分析

| | Zscore(IRT) | Level1 ANN | Level2 ANN | Level3 ANN |
|---|---|---|---|---|
| | 1 | 0.632** | 0.878** | 0.697** |
| Zscore(IRT) | | 0.000 | 0.000 | 0.000 |
| | 1401 | 1401 | 1401 | 1401 |
| | 0.632** | 1 | 0.627** | 0.312** |
| Level1 ANN | 0.000 | | 0.000 | 0.000 |
| | 1401 | 1401 | 1401 | 1401 |
| | 0.878** | 0.627** | 1 | 0.504** |
| Level2 ANN | 0.000 | 0.000 | | 0.000 |
| | 1401 | 1401 | 1401 | 1401 |
| | 0.697** | 0.312** | 0.504** | 1 |
| Level3 ANN | 0.000 | 0.000 | 0.000 | |
| | 1401 | 1401 | 1401 | 1401 |

　　鉴于上述结果的正态性效果不佳(与代数测试中的问题类似,可能因为用来测量各个认知水平的属性数量相对较少,最多为 4,最少为 2),因此,需要运用与代数测试相同的正态化处理方法,从而获得了如图 3-14 所示的估计结果,正态性良好(水平Ⅲ的分数分布与其他两个水平相比较仍然较为单一,因此正态性转换以后效果不及其他两个水平)。

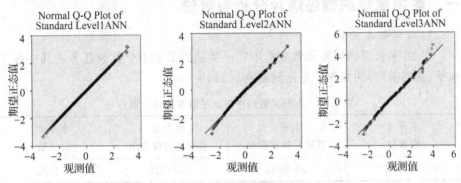

**图 3-14　不同认知水平参数估计分布的 QQ 图(2)**

## 三、讨论

　　由上述模型的选择、改进过程与运行结果可以看出,本研究设计的模型较好地实现了全面、深入地刻画学生学业成就的研究目的,为后续的差异性教师影响模型的建构提供了学生(产出)变量基础。

　　模型的运行结果,给出了学生在较为基础的几个认知水平的教学目标上的学业成就测量结果。

　　对于几何内容,测量结果较好地对应着课程标准规定的前三个教学行为要求;对于代数内容,由于要对信度进行考量[单一的教学条目(属性)可能不能稳定地测量学生在某个认知水平上的学业成就],因此对前两个认知水平的属性进行了整合,进而形成了两个认知水平。同时,由于数据收集条目的限制,代数试卷和几何试卷的测量时间均为 40 分钟,12 道数学题目,相对短小,从而可能影响测量的效度(IRT 对学生参数估计结果的误差也表明了这个问题)。因此,在理解与应用本研究的研究结果时,需要考虑这些问题。

# 第二节  数学教师变量测量模型的运行结果分析与讨论

## 一、教师数据的描述统计分析与讨论

### 1. 数学任务变量

在36名教师的课堂录像数据中，一共编码了211个数学任务，其中各个水平（认知需求）的数学任务比例见表3.22。[①]

表 3.22  本研究数据中各水平数学任务比例分布

| 水平 4<br>做数学 | 水平 3<br>有联系的程序型 | 水平 2<br>无联系的程序型 | 水平 1<br>记忆型 |
|---|---|---|---|
| 18.96% | 54.50% | 19.43% | 7.11% |

观察并比较表3.22中的数据，可以看到，在样本教师的课堂教学中，相对高认知需求的数学任务（水平3和水平4）所占比例较大，特别是水平4的数据任务在所有任务中占比近20%，同时63.9%的课堂的所有数学任务中最高认知需求水平达到水平4，达到水平3的占30.6%。

与Quasar Project（类星体计划）分析的结果（Silver，Stein，1996）相比（见表3.23），可以看到，本研究样本数据中数学课堂教学任务的认知需求水平更高（水平3和水平4的比例明显较高），也高于我国学者对小学课堂的有关研究结果（水平3以上的占50%）。

表 3.23  Quasar Project 项目数据中各水平数学任务比例分布

| | 水平 4<br>做数学 | 水平 3<br>有联系的程序型 | 水平 2<br>无联系的程序型 | 水平 1<br>记忆型 |
|---|---|---|---|---|
| 本研究 | 18.96% | 54.50% | 19.43% | 7.11% |
| Quasar Project | 22.02% | 55.05% | 1.83% | 21.10% |

### 2. 课堂对话与交互作用变量

在编码的课堂对话与交互作用变量中，观察各个变量的各个水平的行为所

---

① 其中有一名学区C的教师仅有最高任务水平的数据，因此，该表的分析中删除了该教师的数据，保留了其他35名教师的数据。

占的比例，可以看到，整体而言，处在水平 3 和水平 4 的行为占据了较高的比例（见表 3.24）。

**表 3.24 教师提问行为各水平比例分布**

| 教师提问 | 水平 4 | 水平 3 | 水平 2 | 水平 1 |
|---|---|---|---|---|
| | 6.41% | 20.99% | 44.17% | 28.43% |

在教师提问的行为中，教师反馈行为各水平比例见表 3.25。从表 3.25 中可以看出，超过半数的行为是可被编码为水平 3 和水平 4 的高水平行为，这与我们之前基于 LPS 北京数据库的资料（七年级数学课堂）获得的结果（见表 3.26）大体相当。[1]（王立东、王西辞、曹一鸣，2011）

**表 3.25 教师反馈行为各水平比例分布**

| 教师反馈 | 水平 4 | 水平 3 | 水平 2 | 水平 1 |
|---|---|---|---|---|
| | 12.47% | 40.00% | 41.56% | 5.97% |

**表 3.26 学生反馈行为各水平比例分布**

| 学生反馈 | 水平 4 | 水平 3 | 水平 2 | 水平 1 |
|---|---|---|---|---|
| | 8.44% | 22.15% | 35.44% | 33.97% |

### 3. 教师讲解变量

在对教师讲解变量的分析过程中，约有 35.2% 的讲解行为达到最高水平，说明这个维度的教学是需要教师重点关注的。

初步分析上述变量间的关系，可以得到表 3.27。

**表 3.27 各个教师与学生高水平教学行为比例的相关分析**

| 类别 | 教师高水平提问比例 | 教师高水平反馈比例 | 学生高水平反馈比例 | 教师高水平讲授比例 | 高水平任务比例 |
|---|---|---|---|---|---|
| 教师高水平提问比例 3 分及以上 | 1 | 0.144 | 0.455** | 0.223 | 0.132 |
| | | 0.403 | 0.005 | 0.191 | 0.450 |

---

[1] 研究对象和编码体系虽然有所不同，但大体相当，可以认为可类比。

续表

| 类别 | 教师高水平提问比例 | 教师高水平反馈比例 | 学生高水平反馈比例 | 教师高水平讲授比例 | 高水平任务比例 |
|---|---|---|---|---|---|
| 教师高水平反馈比例 | 0.144 | 1 | 0.064 | 0.289 | −0.029 |
| 3分及以上 | 0.403 | | 0.712 | 0.087 | 0.870 |
| 学生高水平反馈比例 | 0.455** | 0.064 | 1 | 0.347* | 0.327 |
| 3分及以上 | 0.005 | 0.712 | | 0.038 | 0.055 |
| 教师高水平讲授比例 | 0.223 | 0.289 | 0.347* | 1 | 0.080 |
| 3分及以上 | 0.191 | 0.087 | 0.038 | | 0.647 |
| 高水平任务比例 | 0.132 | −0.029 | 0.327 | 0.080 | 1 |
| 3分及以上 | 0.450 | 0.870 | 0.055 | 0.647 | |

观察并通过简单分析表 3.27 中的数据，可以看到，高水平的教师提问的比例与高水平的学生反馈的比例呈正相关($0.455$，$P=0.005$)，侧面说明了教师高水平的提问对促进学生参与高水平的数学认知活动的重要意义。(Stein，et al.，2008)同时，高水平的数学任务的比例也与高水平的学生反馈比例呈正相关($0.327$，$P=0.055$)，也说明了高水平的数学任务对促进学生参与高水平的数学认知活动的重要意义。(Hiebert，Wearne，1993；Boston，Wolf，2006；Stein，et al.，2008)

另外，几个值得关注且较为显著的相关是高水平教师讲授比例与高水平教师反馈比例($0.289$，$P=0.087$)和高水平学生反馈比例的相关($0.347$，$P=0.038$)，以及潜在的因素与高水平教师提问比例($0.223$，$P=0.191$)的相关，这可能表明教师课堂教学中以上行为显现一致性。

## 二、纳入教师影响模型的教师变量的处理

下面介绍如何将前文获得的有关教师变量的原始数据转化为可以用于后续统计模型分析的变量。

在纳入模型的过程中，本研究将教师课堂教学中所使用的数学任务中水平最高的数学任务水平值作为对数学任务变量的刻画，36 名教师的讲解变量的统计结果见表 3.28。

表 3. 28　教师高水平数学任务比例

| 最高数学任务水平 | 百分比/% |
|---|---|
| 2 | 5.6 |
| 3 | 30.6 |
| 4 | 63.9 |

这样的处理方式依据的是前文中的对数学任务的影响可以相对持续较长时间的论述，因此利用最高数学任务水平可以反映整节课的数学活动的认知水平。

本研究进而利用上述指标作为对教师课堂教学活动的基本测量（量化刻画），利用采集的两节连续的自然状态下课堂教学录像的第一节（基本为新授课）作为教师一般教学情况的反映，以保证生态效度（Ecological Validity）。(Hiebert，Grouws，2007)

当然，对这样的样本能否反映教师的一般教学情况还需慎重理解，尤其是关于针对不同数学内容采取不同教学方式的问题和样本量带来的信度问题。

鉴于实际资源限制，本研究无法实现多节连续课堂研究，也无法实现代数课堂——学生代数成就、几何课堂——学生几何成就的配对研究［如利瓦什(Lipowsky，et al.，2009)关注的勾股定理教学与成就的精致设计的准实验研究(这样的研究相对来讲缺少推广的意义)］。但是在现有资源下，这是不可避免的问题，需要仔细权衡(Hiebert，，Grouws，2007)，且进行这类研究也是合理并能被学界接受的，可参照 MIST 研究(Cobb，Smith，2008)所使用的样本情况。

# 第四章 基于统计模型的教师影响分析与讨论——差异性模型的构建

## 第一节 基于学生变量的教师影响的整体估计

在不考虑有关教师变量测量的基础上，通过方差分解的技术可以获得对教师影响的整体性刻画。（Rowan，Correnti，Miller，2002；Nye，Konstantopoulos，Hedges，2004）这也是一类基本的研究方法，主要将班级间成绩的差异（控制学生变量后）归于教师影响的差异，通常利用回归分析计算控制学生变量后的学生成就（或成就增长）差异由教师因素决定的比率（Konstantopoulos，Sun，2012），即教师因素在一定程度上解释了学生在不同认知水平和不同数学学科内容上的成就变异。

需要注意的是，方差的分解技术并不能刻画变量间的全部因果影响，对其结果的理解需要慎重[如这种技术需要假设班级间的差异来自教师（忽略了同伴间影响）]，但同时这也是一个非常好的探查可能的影响因素的方式，为后续研究提供了基础。（Rowan，Correnti，Miller，2002）

本研究是基于我国现行课程与课堂教学实践设计的测试，测试内容与七年级阶段的教学内容具有良好的匹配性。因此，重点需要解决的问题不是教师与学生在某阶段学习对应的问题（已经很好地实现了对应），而是要解决学生未能在各个学校随机分配的问题。

对比以往研究中出现的学生对教师的随机分配问题（Konstantopoulos，Sun，2012），显然在我国的教育实践背景下，假设这种随机分配是不合适的（假设实验研究的背景）。因而，本研究将尝试选取不同的方式控制学生未在学校间随机分配的问题。

因此，对不同认知水平的成就，本研究采取以本次测试学校层面的均值作为协变量的方法（代数测试的学校均值分别作为三个认知水平的协变量），旨在从更加一般的层面控制学校在学生分配上的非随机性，本质上是假设在同一学校内，学生在各班级中随机分配（Nye，Konstantopoulos，Hedges，2004），即设置平行班。

对代数整体成就和几何整体成就，采用三水平模型，利用加入水平3（学校层次）的方式控制学生由于未被随机分配到学校而带来的估计偏差，控制学校在学生分配上的非随机性（特别是无法被课外学习因素和学生家庭因素控制的非随机性因素），同时假设在同一学校内，学生在各班级中随机分配（Nye，Konstantopoulos，Hedges，2004），即设置平行班。这也是本研究对模型建构的一种探索。

需要注意的是，进行的第一个分析是基于代数学习的整体成就（经过标准化 IRT 分数）的分析，这为后续的分析提供了样本。因此，对后续若干个分析的分析方法就不做重复解释了，只解释不同的模型设计，并进行结果分析。

# 一、基于代数各认知水平学业成就的教师整体影响估计

## （一）基于代数能力水平的分析

针对代数学习的整体成就（IRT 分数）建立如下的 HLM。

利用 HLM6.08Student Version 进行参数估计。

零模型：

Level-1：$Y = B0 + R$。

Level-2：$B0 = G00 + U0$。

其中，因变量为学生的代数测试的 IRT 成绩经过标准化（$z$ 分数）后的结果 [近似服从 $N(0,1)$]（在前文已完成分析）。

第一水平各系数的估计结果良好（信度估计为 0.919）（张雷、雷雳、郭伯良，2003），其中方差成分的分析结果见表 4.1。

表 4.1　方差分析结果

| Random Deviation | Effect Component | Standard | Variance | df | Chi-Square | P-Value |
|---|---|---|---|---|---|---|
| INTRCPT1 | U0 | 0.65388 | 0.42756 | 62 | 810.64448 | 0 |
| Level-1 | R | 0.79961 | 0.63937 | | | |

由表 4.1 可以看出，组间差异显著。Hox（1995）通过计算同类相关（Intraclass Correlation，ICC），获得了由分层结构解释的总体方差的比例。

另外，还可以看到，在这种情况下，可以计算不同水平的 ICC，即可以获得教师水平的变量，并解释了 $\dfrac{0.42756}{0.42756+0.63937} \approx 40.1\%$ 的学生代数成就的变异（方差）。

这种解释率换算成效应量(Effect Size)的结果为 0.405 的算术平方根(约为 0.64)。(Rowan，Correnti，Miller，2002；Nye，Konstantopoulos，Hedges，2004)

当然，依前文陈述的理论，上述零模型的结果可能存在一定问题：在我国，学生可能并非随机地被安排到各个学校，学校也可能并非是学生学业成就的唯一来源[也可能会受到课外补习(谢敏、辛涛、李大伟，2008)、家庭学习等因素(Marks，Louis，1997；Baker，et al.，2001；Xin，Xu，Tatsuoka，2004；Nye，Konstantopoulos，Hedges，2004；张文静，2009)的影响]。因此，尝试控制一定的学生层面的变量来获得对教师整体影响更为精确的估计，同时也加入了学校水平，形成一个三水平模型(表 4.2)。

表 4.2　学生变量的描述统计

| VARIABLE NAME(变量名) | $N$ | MEAN | SD |
|---|---|---|---|
| TEXTBOOK(教科书) | 1304 | 0.61 | 0.489 |
| SC3(每周课外补习时间/h) | 1304 | 1.72 | 1.413 |
| SC7(是否拥有个人计算机) | 1304 | 0.53 | 0.499 |

观察表 4.2 中学生变量的描述统计反应，发现样本学生平均每周课外学习的时间为 1.72 小时，近 50% 的学生拥有个人计算机。

加入学生变量和学校水平的模型如下。

Level-1：$Y = P0 + P1 \times (TEXTBOOK) + P2 \times (SC3) + P3 \times (SC7) + E$。

Level-2：$P0 = B00 + R0$，

$\qquad P1 = B10$，

$\qquad P2 = B20$，

$\qquad P3 = B30$。

Level-3：$B00 = G000 + U00$，

$\qquad B10 = G100$，

$\qquad B20 = G200$，

$\qquad B30 = G300$。

其中，TEXTBOOK 代表教科书使用的校正变量。如前文所述，测试设计是基于人教版教科书开展的，因而对使用北师大版教科书的学区存在内容效度上的问题，因此，在回归分析的时候引入一个教科书变量(人教版为 1，北师大版为 0)来矫正使用北师大版教科书的学生由于部分内容没有学习过而产生的影响。

SC3 代表学生参加课外补习的时间(参见课外学习情况调查问卷第 3 题),这是整合了第 1 题获得的信息(对照见表 4.3):

**表 4.3　课外补习时间选项设计**

| 变量值 | 对应选项信息 |
|---|---|
| 0 | 未参加或偶尔参加 |
| 1 | B 选项 |
| 2 | C 选项 |
| 3 | D 选项 |
| 4 | E 选项 |

SC7 在一定程度上代表学生的家庭状况与信息网络化的课外学习资源(参见课外学习情况调查问卷第 7 题,其中用 0 值代表 A,1 代表 B)。

SC3 与 SC7 代表影响学习的非学校因素作为控制变量。

由于各个变量的零值都具有实际的意义,因此选择自然测量作为自变量,而没有选择对中策略(Group Mean, Grand Mean)(Raudenbush, Bryk, 2002),后续的二水平变量也基于同样的分析策略(除非有特殊说明)。

对固定效应的部分分析结果见表 4.4(输出稳健的标准误差)。

**表 4.4　固定效应分析结果**

| | | | Fixed Effect | Coefficient | Standard Error | T-Ratio | Approx df | P-Value |
|---|---|---|---|---|---|---|---|---|
| INTRCPT1 | P0 | | | | | | | |
| INTRCPT2 | B00 | INTRCPT3 | G000 | −0.316410 | 0.131969 | −2.398 | 18 | 0.028 |
| TEXTBOOK | Slope | P1 | | | | | | |
| INTRCPT2 | B10 | INTRCPT3 | G100 | 0.250225 | 0.211404 | 1.184 | 1300 | 0.237 |
| SC3 | Slope | P2 | | | | | | |
| INTRCPT2 | B20 | INTRCPT3 | G200 | 0.011053 | 0.020926 | 0.528 | 1300 | 0.597 |
| SC7 | Slope | P3 | | | | | | |
| INTRCPT2 | B30 | INTRCPT3 | G300 | 0.109165 | 0.038424 | 2.841 | 1300 | 0.005 |

上述的系数估计为带有稳健的标准误差估计。(张雷、雷雳、郭伯良,2003)

由上述数据分析结果可以看出，其中 TEXTBOOK 变量具有正数系数，同时发现该变量的假设检验的结果并不显著（$P$ 值为 0.237）。

通过原始试卷分析发现，可能是受到下面因素的影响：课外补习（甚至课内的提前学习）解决了使用北师大版教科书的学生未学习过部分测试内容这一问题（主要涉及二元一次方程组问题）。这通过比较三个学区对两道涉及二元一次方程组的问题的回答情况可以看出。对控制教科书因素的 TEXTBOOK 变量的分类描述统计结果见表 4.5。

表 4.5 部分题目原始分的分教科书统计

|  | TEXTBOOK | $N$ | MEAN | Std. Deviation |
|---|---|---|---|---|
| A4I8 | 0 | 515 | 0.51 | 0.500 |
|  | 1 | 789 | 0.64 | 0.480 |
|  | Total | 1304 | 0.59 | 0.492 |
| A11I8① | 0 | 515 | 0.08 | 0.384 |
|  | 1 | 789 | 0.44 | 0.810 |
|  | Total | 1304 | 0.30 | 0.697 |

使用北师大版教科书的学区 A 的学生虽然在某一道题目上的回答情况明显有别于其他两个使用人教版教科书的学区，但在另一道题目的回答情况尚可，考虑到题目的难易程度，可以证实上述预测。

对于两个反映学生课外学习和家庭情况的变量，可以看到，都呈现正向影响，从显著性的角度来看，没有发现课外补习的时间影响到学生数学学业成就，而学生是否拥有个人电脑显著地影响学生数学学业成就（$P$ 值为 0.005，系数为 0.109165）。考虑到对该变量的处理（0 代表有，1 代表无），得出拥有个人电脑对学生的代数成就产生负向影响的结论。

经过分析，发现原因可能是个人电脑并未提供信息网络化课外学习资源，而是更多地提供了课外娱乐的平台与资源（如网络游戏、网络聊天、在线视频等），从而负向影响了学生数学学业成就。这并非本研究的关注重点，所以未对这个问题进行深入分析。

在控制了上述变量的基础上，可以获得修正了的整体教师对学生代数成就的影响。

---

① 采用 2 分制记分的原始分统计。

对方差组成的分析结果如表 4.6、表 4.7。

**表 4.6 水平 1 和水平 2 的方差组成**

| Random Effect | Standard Deviation | Variance Component | df | Chi-Square | P-Value |
|---|---|---|---|---|---|
| INTRCPT1(R0) | 0.41331 | 0.17083 | 44 | 268.18291 | 0 |
| Level-1(E) | 0.79814 | 0.63703 | | | |

**表 4.7 水平 3 的方差组成**

| Random Effect | Standard Deviation | Variance Component | df | Chi-Square | P-Value |
|---|---|---|---|---|---|
| INTRCPT1/INTRCPT2(U00) | 0.47854 | 0.22900 | 18 | 89.58879 | 0 |

注意到，学校水平因素可以解释总学生数学学业成就变量的 22.1%，从而控制了学校水平因素的影响，如学生未随机分配到各个学校的因素，也包括可能的学校环境、组织领导力等因素的影响。（Raudenbush，Bryk，1986）此时，教师水平因素对学生数学学业成就的解释率下降了 16.5%，相应效应量为 0.41。这与已有研究的结论大体相当。（Rowan，Correnti，Miller，2002；Nye，Konstantopoulos，Hedges，2004）

## (二)基于认知诊断分析结果的分析

本节基于学生代数成就的认知诊断数据，对教师因素的影响进行了分析。这里回到二水平模型，利用各个学校的代数测试的平均值作为协变量(控制变量)。对几何的分析与之类似，不加赘述。

（Ⅰ）基于前文估计的学生在相对低认知水平的属性上的掌握分数，依据同样的方法来估计教师的整体影响。

零模型：

Level-1：Y＝B0＋R。

Level-2：B0＝G00＋U0。

模型运行结果见表 4.8、表 4.9。

**表 4.8 信度分析**

| Random | Level-1 | Reliability Estimate |
|---|---|---|
| INTRCPT1 | B0 | 0.843 |

表 4.9　固定效应估计

| Random Effect | Standard Deviation | Variance Component | df | Chi-Square | P-Value |
|---|---|---|---|---|---|
| INTRCPT1(U0) | 0.49450 | 0.24453 | 62 | 446.04502 | 0 |
| Level-1(R) | 0.88667 | 0.78619 | | | |

此时，教师整体影响为 $\dfrac{0.24453}{0.24453+0.78619} \approx 23.7\%$，相应的效应量为 0.49。

控制相应的学生水平变量后模型变为：

Level-1：$Y = B0 + B1 \times (TEXTBOOK) + B2 \times (ZSCHOOLM) + B3 \times (SC3) + B4 \times (SC7) + R$。

Level-2：$B0 = G00 + U0$，

$\qquad B1 = G10$，

$\qquad B2 = G20$，

$\qquad B3 = G30$，

$\qquad B4 = G40$。

其中，ZSCHOOLM 为学生代数测试成绩（IRT 估计的 $z$ 分数）的学校均值，用来控制因学生未被随机分配至各个学校而引起的分布差异。数据分析结果见表 4.10。

表 4.10　信度估计

| Random | Level-1 | Reliability Estimate |
|---|---|---|
| INTRCPT1 | B0 | 0.693 |

固定影响分析结果见表 4.11。

表 4.11　确定效应的估计（稳健的标准误差）1

| Fixed Effect | Coefficient | Standard Error | T-Ratio | Approx df | P-Value |
|---|---|---|---|---|---|
| For INTRCPT1 | B0 | | | | |
| INTRCPT2 G00 | 0.048318 | 0.097247 | 0.497 | 62 | 0.621 |
| For TEXTBOOK | Slope | B1 | | | |
| INTRCPT2 G10 | −0.216978 | 0.099352 | −2.184 | 1299 | 0.029 |

| Fixed Effect | Coefficient | Standard Error | T-Ratio | Approx df | P-Value |
|---|---|---|---|---|---|
| For ZSCHOOLM | Slope | B2 | | | |
| INTRCPT2 G20 | 0.681967 | 0.080906 | 8.429 | 1299 | 0 |
| For SC3 | Slope | B3 | | | |
| INTRCPT2 G30 | 0.011208 | 0.011208 | 0.515 | 1299 | 0.606 |
| For SC7 | Slope | B4 | | | |
| INTRCPT2 G40 | 0.094007 | 0.048608 | 1.934 | 1299 | 0.053 |

方差分解结果见表 4.12。

表 4.12 方差组成的估计 1

| Random Effect | Standard Deviation | Variance Component | df | Chi-Square | P-Value |
|---|---|---|---|---|---|
| INTRCPT1(U0) | 0.31542 | 0.09949 | 62 | 200.93133 | 0 |
| Level-1(R) | 0.88680 | 0.78642 | | | |

此时，教师整体影响变为 $\dfrac{0.09949}{0.099\,49+0.78642} \approx 11.2\%$，效应量为 0.34。

由上述数据结果可看出，用来矫正问卷的 DIF 的 TEXTBOOK（教科书）变量对相对低认知水平的学业成就呈现负向影响，即试卷在相对低认知水平的测量方面更加有利于使用学区 A 的教科书编排方式的学生。这主要体现在如学区 A 的教科书已经学习了幂的乘方等内容，较有利于 A1.2 乘方的意义属性的问题的解答。这个变量也成功地实现了对测试 DIF 的矫正。拥有个人电脑仍然负向影响学生在这个认知水平上的学业成就（0.094007，$P=0.053$）。

（Ⅱ）基于前文估计的学生在相对高认知水平的属性上的掌握分数，依据同样的方法来估计教师的整体影响。

零模型：

Level-1：Y=B0+R。

Level-2：B0=G00+U0。

数据分析结果，方差分量分析见表 4.13。

表 4.13　方差组成的估计 2

| Random Effect | Standard Deviation | Variance Component | df | Chi-Square | P-Value |
|---|---|---|---|---|---|
| INTRCPT1(U0) | 0.55365 | 0.30653 | 62 | 535.24188 | 0 |
| Level-1(R) | 0.85243 | 0.72664 | | | |

此时，教师整体影响为 $\dfrac{0.30653}{0.30653+0.72664} \approx 29.7\%$，效应量为 0.54。显然，这个影响高于相对低认知水平的情况（23.7%，0.49）。

加入学生水平的控制变量后的结果如表 4.14。

表 4.14　确定效应的估计（稳健的标准误差）2

| Fixed Effect | Coefficient | Standard Error | T-Ratio | Approx df | P-Value |
|---|---|---|---|---|---|
| INTRCPT1(B0) | | | | | |
| INTRCPT2(G00) | −0.260270 | 0.095132 | −2.736 | 62 | 0.009 |
| For TEXTBOOK | slope | B1 | | | |
| INTRCPT2(G10) | 0.389002 | 0.091002 | 4.275 | 1299 | 0 |
| For ZSCHOOLM | slope | B2 | | | |
| INTRCPT2(G20) | 0.778840 | 0.071366 | 10.913 | 1299 | 0 |
| For SC3 | slope | B3 | | | |
| INTRCPT2(G30) | −0.008378 | 0.018116 | −0.462 | 1299 | 0.643 |
| For SC7 | slope | B4 | | | |
| INTRCPT2(G40) | 0.046701 | 0.040009 | 1.167 | 1299 | 0.244 |

方差分解的结果见表 4.15。

表 4.15　方差组成的估计 3

| Random Effect | Standard Deviation | Variance Component | df | Chi-Square | P-Value |
|---|---|---|---|---|---|
| INTRCPT1(U0) | 0.28087 | 0.07889 | 62 | 186.09780 | 0 |
| Level-1(R) | 0.85279 | 0.72726 | | | |

此时，教师因素的解释率缩减为 $\dfrac{0.07889}{0.07889+0.72726} \approx 9.8\%$，效应量为

0.31，低于相对低认知水平的情况（教师整体影响为 11.2％，效应量为 0.34），或可认为与之大体相当。从这个意义上来说，可以预测教师因素对学生在相对较高的数学学业成就方面的整体影响可能与对相对较低认知水平的数学学业成就的整体影响大体相当。

在某种程度上可以估计，不同水平的教师的影响在不同的代数认知水平的任务上没有明显差异。也就是说，没有发现高效能的教师在某些认知水平上显示出更大的效能。

当然，需要注意的是，这个微弱的差异可能是由于测量误差造成的，也可能是更为实质的差异反映。因此，在未来基于代数内容的教师影响研究中，探究这种可能的差异方向是有必要的。

注意到在教科书的影响方面（矫正问卷测试中的 DIF），较相对低认知水平的情况的影响方向出现相反的倾向，并且效应量有所增强，且都达到了统计显著性的水平。

这说明了测试设计对相对较高认知水平的测量更加有利于学区 B 和学区 C 的学生，符合在测试设计时所关注到的测试 DIF 问题，特别是对 A4.3 二元一次方程属性的考查出现的偏差问题。这也符合试卷设计的假设。

可以看到 TEXTBOOK（教科书）变量在两个认知水平和整体代数水平上的影响具有一致性，也在一定程度上解决了基于学区 B，C 的现行教科书设计的测试对学区 A 的学生的 DIF 问题。需要注意的是，这种 DIF 的方向可能是复杂的，如学区 A 的教科书未涉及的二元一次方程的内容负向影响到了其测试结果（虽然学生可以从其他渠道获得这个知识），同时学区 A 的教科书相对学区 B，C 的教科书多涉及的内容（如在乘法公式方面包括了更多的内容）可能正向影响学生数学学业成就，当然这种复杂性可能也来自教科书本身的编制水平。

同时，是否拥有个人计算机变量的影响由 0.094007 减少到 0.046701，绝对量减少了近一半，统计意义上的显著性也被消除。这种现象是值得关注的，反映了个人计算机（包括其代表的家庭背景与资源）对不同认知水平代数成就的影响程度存在差异。

## 二、基于几何各认知水平学业成就的教师整体影响估计

运用与代数内容类似的分析方法来讨论基于几何内容的数据。

与代数数据的来源近似相同，几何数据来源于相同的学校和教师，但学生不同（由相同的教师任教），其中有 1383 名学生，对应 66 名教师、20 所学校，其基本情况描述见表 4.16（学生样本与代数测试中的相似，是来自相同班级的

不同学生)。

表 4.16 协变量描述统计

| VARIABLE NAME | N | MEAN | SD |
|---|---|---|---|
| TEXTBOOK | 1383 | 0.63 | 0.48 |
| SC3 | 1383 | 1.60 | 1.42 |
| SC7 | 1383 | 0.53 | 0.50 |

## (一)基于几何能力水平的分析

运用与分析代数试卷类似的方式,分析几何试卷。

零模型:

Level-1:$Y=B0+R$。

Level-2:$B0=G00+U0$。

方差分解结果见表 4.17。

表 4.17 方差组成的估计 4

| Random Effect | Standard Deviation | Variance Component | df | Chi-Square | P-Value |
|---|---|---|---|---|---|
| INTRCPT1(U0) | 0.65406 | 0.42780 | 65 | 947.85229 | 0 |
| Level-1(R) | 0.77808 | 0.60541 | | | |

在无任何控制变量的情况下,教师水平因素的解释率为 $\dfrac{0.42780}{0.42780+0.60541} \approx$ 41.4%,效应量为 0.64。

控制了与代数内容相同的学生水平变量和学校水平变量后模型变为:

Level-1:$Y=P0+P1 \times (TEXTBOOK)+P2 \times (SC3)+P3 \times (SC7)+E$。

Level-2:$P0=B00+R0$,

$\qquad$ $P1=B10$,

$\qquad$ $P2=B20$,

$\qquad$ $P3=B30$。

Level-3:$B00=G000+U00$,

$\qquad$ $B10=G100$,

$\qquad$ $B20=G200$,

$\qquad$ $B30=G300$。

确定效应的估计结果见表 4.18。

**表 4.18 确定效应的估计(稳健的标准误差)3**

| | | Fixed Effect | | Coefficient | Standard Error | T-Ratio | Approx df | P-Value |
|---|---|---|---|---|---|---|---|---|
| INTRCPT1 | P0 | | | | | | | |
| INTRCPT2 | B00 | INTRCPT3 | G000 | −0.089609 | 0.159207 | −0.563 | 19 | 0.580 |
| TEXTBOOK | Slope | P1 | | | | | | |
| INTRCPT2 | B10 | INTRCPT3 | G100 | 0.095751 | 0.222992 | 0.222992 | 1379 | 0.667 |
| SC3 | Slope | P2 | | | | | | |
| INTRCPT2 | B20 | INTRCPT3 | G200 | −0.051953 | 0.019850 | −2.617 | 1379 | 0.009 |
| SC7 | Slope | P3 | | | | | | |
| INTRCPT2 | B30 | INTRCPT3 | G300 | 0.078817 | 0.071577 | 1.101 | 1379 | 0.271 |

在教科书因素方面,仍然呈现正向影响,系数为 0.095751(但统计显著性的效果不佳,$P$ 值为 0.667)。主要表现为教科书的版本不同而造成的影响,这种影响主要来自学区 A,因为该学区使用的教科书中涉及"G4.2 水平 II 能按要求作出简单的平面图形平移后的图形""G5.3 水平 III 在同一平面直角坐标系中,感受图形变换后点的坐标的变化"的内容没有被安排在七年级。

在学生家庭与课外学习因素方面,获得的结果与代数内容的相反。学生参与课外补习的时间的影响,在这里没有呈现统计显著性,反而呈现负向效应,也就是学生课外补习的时间越多,学习成绩反而倾向越差。当然,这里需要注意的是,这种回归关系并非等同于因果关系,可能的解释是成绩不理想的学生更加倾向于选择较长的学习时间。

此外,学生拥有个人电脑仍然对学生成绩呈现负向影响(0 代表有,1 代表无),虽然这种影响不再如代数内容中的那样具有统计显著性。

方差分解的结果见表 4.19。

**表 4.19 各水平方差组成的估计**

| Random Effect | Standard Deviation | Variance Component | df | Chi-Square | P-Value |
|---|---|---|---|---|---|
| INTRCPT1(R0) | 0.49429 | 0.24432 | 46 | 369.25799 | 0 |
| Level-1(E) | 0.77388 | 0.59890 | | | |
| INTRCPT1/INTRCPT2(U00) | 0.44224 | 0.19558 | 19 | 66.06515 | 0 |

学校水平的方差解释率为 18.8%。

此时，教师层面因素对学生学业成就的解释率为 23.5%，效应量为 0.48，明显高于代数内容中的解释率(16.5%)和效应量(0.41)。基于这个结果，可以看出，从整体上而言，可以认为教师因素对学生几何内容学习的贡献要大于对学生代数内容学习的贡献。

分析这一差异，原因可能与代数和几何两个数学分支的思维方式存在一定的差异有关，即不同的分支可能受到教师教学差异(质量差异)的影响程度不同，这值得未来进一步地从数学学习心理学的角度进行分析。

当然，也不排除学生在不同数学分支上的天赋和兴趣(等非智力因素)的影响。

教育神经科学(Educational Neuroscience)的研究给这类研究提供了很好的方向，如冈本等人(Okamoto，et al.，2009)测量了六年级学生在解答代数问题和几何问题时脑部的血红蛋白的变化情况，结果显示两者存在差异，从而预示着两类问题背后的思维过程具有不同特征。同时，这个结果也可能与代数和几何的教学方式、侧重点及教学水平方面存在差异(乃至教师对不同内容的理解水平与课程、教材有关)有关，即可能是教师在两个内容领域教学水平不一致的缘故，这同样值得未来基于数学教师代数教学和几何教学进行比较研究。

## (二)基于认知诊断分析结果的分析

分别对几何的三个不同认知水平的学业成就进行分析。

水平 1：相对低认知水平。

零模型：

Level-1：$Y = B0 + R$，

Level-2：$B0 = G00 + U0$。

方差成分的分析结果见表 4.20。

表 4.20　方差组成的估计(稳健的标准误差)

| Random Effect | Standard Deviation | Variance Component | df | Chi-Square | P-Value |
|---|---|---|---|---|---|
| INTRCPT1(U0) | 0.62786 | 0.39421 | 65 | 859.71296 | 0 |
| Level-1(R) | 0.79203 | 0.62732 | | | |

此时，教师水平的方差解释率为 38.6%，效应量为 0.62。

控制了学生水平变量后模型变为：

Level-1：$Y = B0 + B1 \times (TEXTBOOK) + B2 \times (ZSCHOOLM) + B3 \times (SC3) + B4 \times (SC7) + R$。

Level-2：$B0 = G00 + U0$，

$\qquad B1 = G10$，

$\qquad B2 = G20$，

$\qquad B3 = G30$，

$\qquad B4 = G40$。

结果见表 4.21(稳健的标准误差)。

**表 4.21　确定效应的估计(稳健的标准误差)4**

| Fixed Effect | Coefficient | Standard Error | T-Ratio | Approx df | P-Value |
|---|---|---|---|---|---|
| For INTRCPT1 | B0 | | | | |
| INTRCPT2(G00) | −0.007570 | 0.104227 | −0.073 | 65 | 0.943 |
| For TEXTBOOK | Slope | B1 | | | |
| INTRCPT2(G10) | 0.041690 | 0.117014 | 0.356 | 1378 | 0.721 |
| For ZSCHOOLM | Slope | B2 | | | |
| INTRCPT2(G20) | 0.914875 | 0.104127 | 8.786 | 1378 | 0 |
| For SC3 | Slope | B3 | | | |
| INTRCPT2(G30) | −0.025993 | 0.014310 | −1.816 | 1378 | 0.069 |
| For SC7 | Slope | B4 | | | |
| INTRCPT2(G40) | −0.025137 | 0.041139 | −0.611 | 1378 | 0.541 |

分析结果显示，前文中描述过的 SC3 变量(学生参与课外补习的时间)对学生低认知水平几何成就呈现较为显著的负向影响，系数为 −0.025993，有可能是因为学习成绩相对较差的同学倾向于参与课外补习，而并非因果性关系。

教科书变量的影响与几何整体成就(IRT 成绩)的情况类似。

方差成分的分析结果见表 4.22。

**表 4.22　方差组成的估计 5**

| Random Effect | Standard Deviation | Variance Component | df | Chi-Square | P-Value |
|---|---|---|---|---|---|
| INTRCPT1(U0) | 0.39811 | 0.15849 | 65 | 339.41997 | 0 |
| Level-1(R) | 0.79357 | 0.62975 | | | |

表 4.22 中方差分析的结果显示，教师水平的解释率为 20.1%，效应量

为 0.45。

水平 2：中等认知水平，结果见表 4.23。

表 4.23 方差组成的估计 6

| Random Effect | Standard Deviation | Variance Component | df | Chi-Square | P-Value |
|---|---|---|---|---|---|
| INTRCPT1(U0) | 0.58388 | 0.34092 | 65 | 731.09716 | 0 |
| Level-1(R) | 0.80225 | 0.64360 | | | |

此时，教师水平解释率为 34.6%，效应量为 0.59。

加入控制变量后模型变为：

Level-1：$Y = B0 + B1 \times (TEXTBOOK) + B2 \times (ZSCHOOLM) + B3 \times (SC3) + B4 \times (SC7) + R$。

Level-2：$B0 = G00 + U0$，

$B1 = G10$，

$B2 = G20$，

$B3 = G30$，

$B4 = G40$。

结果见表 4.24(稳健的标准误差)。

表 4.24 确定效应的估计(稳健的标准误差)5

| Fixed Effect | Coefficient | Standard Error | T-Ratio | Approx df | P-Value |
|---|---|---|---|---|---|
| INTRCPT1(B0) | | | | | |
| INTRCPT2(G00) | −0.041152 | 0.085462 | −0.482 | 65 | 0.631 |
| For TEXTBOOK | Slope | B1 | | | |
| INTRCPT2(G10) | 0.078328 | 0.099592 | 0.786 | 1378 | 0.432 |
| For ZSCHOOLM | Slope | B2 | | | |
| INTRCPT2(G20) | 0.849632 | 0.094770 | 8.965 | 1378 | 0 |
| For SC3 | Slope | B3 | | | |
| INTRCPT2(G30) | −0.049771 | 0.018662 | −2.667 | 1378 | 0.008 |
| For SC7 | Slope | B4 | | | |
| INTRCPT2(G40) | 0.079629 | 0.054913 | 1.450 | 1378 | 0.147 |

可以发现，与相对低认知水平的结果相比，课外学习情况变量的运行结果依旧，而且系数由 $-0.025993$ 增强到 $-0.049771$。

方差成分的分析结果见表 4.25。

**表 4.25 方差组成的估计 7**

| Random Effect | Standard Deviation | Variance Component | df | Chi-Square | P-Value |
|---|---|---|---|---|---|
| INTRCPT1（U0） | 0.39106 | 0.15293 | 65 | 327.63979 | 0 |
| Level-1（R） | 0.80041 | 0.64065 | | | |

教师水平的解释率为 19.3%，效应量为 0.44，与低认知水平的情况（解释率为 20.1%，效应量为 0.45）相当，且结论与代数情况相当。

水平 3：高认知水平，方差成分的分析结果见表 4.26。

**表 4.26 方差组成的估计 8**

| Random Effect | Standard Deviation | Variance Component | df | Chi-square | P-value |
|---|---|---|---|---|---|
| INTRCPT1（U0） | 0.58719 | 0.34479 | 65 | 625.91996 | 0 |
| Level-1（R） | 0.84079 | 0.70693 | | | |

教师水平的解释率为 32.8%，效应量为 0.57。

加入学生水平变量后的结果为：

Level-1：$Y = B0 + B1 \times (TEXTBOOK) + B2 \times (ZSCHOOLM) + B3 \times (SC3) + B4 \times (SC7) + R$。

Level-2：$B0 = G00 + U0$,

$\qquad B1 = G10$,

$\qquad B2 = G20$,

$\qquad B3 = G30$,

$\qquad B4 = G40$。

结果见表 4.27（稳健的标准误差）。

表 4.27 确定效应的估计(稳健的标准误差)6

| Fixed Effect | Coefficient | Standard Error | T-Ratio | Approx df | P-Value |
|---|---|---|---|---|---|
| INTRCPT1(B0) | | | | | |
| INTRCPT2(G00) | −0.104201 | 0.088962 | −1.171 | 65 | 0.246 |
| For TEXTBOOK | Slope | B1 | | | |
| INTRCPT2(G10) | 0.317583 | 0.104164 | 3.049 | 1379 | 0.0023 |
| For ZSCHOOLM | Slope | B2 | | | |
| INTRCPT2(G20) | 0.800981 | 0.107897 | 7.424 | 1378 | 0 |
| For SC3 | Slope | B3 | | | |
| INTRCPT2(G30) | −0.072182 | 0.020447 | −3.530 | 1378 | 0.001 |
| For SC7 | Slope | B4 | | | |
| INTRCPT2(G40) | −0.003320 | 0.053658 | −0.062 | 1378 | 0.951 |

相对低认知水平和中等认知水平的情况,SC3 变量的影响系数继续增强,达到−0.072182。

需要注意的是 TEXTBOOK 变量,即反映使用教科书的差异的变量在这个认知水平上产生了具有非常显著的统计意义的影响(系数为 0.317583,$P=0.0023$)。这与其他两个认知水平的结果和整体几何成就(IRT 成绩)的结果有较大差异。说明测试设计中的教科书的影响差异主要出现在相对较高的认知水平方面。对测试的文本分析也证实了这一点,涉及水平Ⅲ的属性"G5.3 水平Ⅲ在同一平面直角坐标系中,感受图形变换后点的坐标的变化"是学区 A 七年级教科书所未包含的内容,因此说明 TEXTBOOK 变量较好地控制了教科书因素的影响。对涉及该属性的题目的分析也表明了这点,见表 4.28。

表 4.28 各教科书的平均分(G5.3)

| 题目 | 教科书编码 | 平均分① |
|---|---|---|
| G5.3I7 | 0 | 0.63 |
| | 1 | 1.12 |

---

① 基于 0,1 评分的原始分。

方差成分的分析结果见表 4.29。

表 4.29 方差组成的估计 8

| Random Effect | Standard Deviation | Variance Component | df | Chi-Square | P-Value |
|---|---|---|---|---|---|
| INTRCPT1(U0) | 0.40192 | 0.16154 | 65 | 312.91927 | 0 |
| Level-1(R) | 0.83684 | 0.70030 | | | |

教师水平的解释率为 18.7%，效应量为 0.43，略小于或相当于中等认知水平的解释率（19.3%）和效应量（0.44），也略低于或相当于低认知水平的解释率（20.1%）和效应量（0.45）。这与未控制学生变量时的情况一致，反映了学生在不同认知水平上的学业成就差异主要因学生因素的差异而起。教师在三个基本的学生几何认知水平上的影响大体相当，差异较为细小，在相对高认知水平上的影响略微小于相对低认知水平上的影响，效应量大约降低 4.4%。

几何内容的分析结果与代数内容的分析结果相对一致（相对低认知水平的解释率相当于或略高于相对高认知水平的解释率）。

## 三、关于教师整体影响估计结果的讨论

总结上述数据分析的结果，见表 4.30 和表 4.31。

表 4.30 数据统计运行结果概述（控制学生变量前）

| 代数 | 教师水平对方差的解释率（控制学生水平变量）和效应量 | 几何 | 教师水平对方差的解释率（控制学生水平变量）和效应量 |
|---|---|---|---|
| 总成绩（IRT 分数） | 40.5%，0.64 | 总成绩（IRT 分数） | 41.4%，0.64 |
| 低认知水平属性 | 23.7%，0.49 | 低认知水平属性 | 38.6%，0.62 |
| 高认知水平属性 | 29.7%，0.54 | 中等认知水平属性 | 34.6%，0.59 |
| | | 高认知水平属性 | 32.8%，0.57 |

表 4.31　数据统计运行结果概述(控制学生变量后)

| 代数 | 教师水平对方差的解释率(控制学生水平变量)和效应量 | 几何 | 教师水平对方差的解释率(控制学生水平变量)和效应量 |
|---|---|---|---|
| 总成绩(IRT 分数) | 16.5%，0.41 | 总成绩(IRT 分数) | 23.5%，0.48 |
| 低认知水平属性 | 11.2%，0.34 | 低认知水平属性 | 20.1%，0.45 |
| 高认知水平属性 | 9.8%，0.31 | 中等认知水平属性 | 19.3%，0.44 |
| | | 高认知水平属性 | 18.7%　0.43 |

由表 4.30 和表 4.31 可以看出，在未控制学生变量前的零模型分析结果和控制了学生水平变量(特别是利用各自内容的 IRT 分析的 $z$ 分数的学校均值作为协变量)、在整体的代数成绩和几何成绩加入学校水平后，分离出的教师因素对学生在不同内容领域的解释率均呈现出较大的差异，而在不同认知水平的学业成就上却大体相当。

总体来说，七年级数学教师影响对两个基本的数学内容领域和不同的认知水平均呈现显著的影响，达到中等或偏上的效应量水平(Rowan，Correnti，Miller，2002)，教师之间的影响差异为合理分析教师资源的合理配置与教师专业发展提供了启示。

从整体上讲，教师对学生代数成就和几何成就两方面的影响呈现出明显的差异，对代数成就的影响要明显小于对几何成就的影响。正如前文所述，产生这个差异的原因可能与代数和几何两个数学分支的思维方式存在一定的差异有关，即不同的分支可能受到教师教学差异(质量差异)的影响程度不同，高水平的教师更可能在相对低认知水平方面产生作用，这无疑值得未来进一步地从数学学习心理学或脑科学的角度进行分析；同时也可能与教师的课堂教学方式有关，如侧重点、关注点的差异，即可能是教师在两个内容领域教学水平不一致的缘故，这同样值得未来基于数学教师代数教学和几何教学进行比较研究。

针对代数和几何在学习或认知过程中存在的差异，克鲁捷茨基早在 20 世纪中期便从数学能力的角度关注和综述了其中的类型差异问题[1]：量化研究方法反映出学生在代数测试与几何测试中的成就呈中等程度的相关(部分内容可能存在交叉，如几何问题也会用到代数的内容)，但也存在差异。当然，也不

---

① [苏]克鲁捷茨基：《中小学生数学能力心理学》，29 页，李伯黍等译校，上海，上海教育出版社，1983。

排除是学生对数学不同分支的天赋和兴趣(等非智力因素)影响的。教育神经科学的研究为此提供了研究基础。

就认知水平而言，不同认知水平的教师影响大体相当，代数内容和几何内容的测试呈现出类似的模式。教师对相对低认知水平的影响略高于对相对高认知水平的影响，但同时其影响尺度又大体相当，即教师对学生学业成就的整体影响在不同的认知水平上随着认知水平的提高有所降低(从代数相对低认知水平到相对高认知水平，教师影响的效应量会减少8.8%左右；从几何相对低认知水平到相对高认知水平，教师影响的效应量会减少4.4%左右)，但整体上保持一致。这种现象反映了教师影响在不同认知水平教学任务上相对均衡，略偏向于相对低认知水平。也就是说，优秀的教师无论教授哪种认知水平的教学内容，其教学能力都优于其他教师，甚至越是低认知水平的教学内容，优秀的教师越能发挥其优势。

当然，整体影响的均衡并不代表教师影响结构的各个节点都达到均衡，后续加入教师变量的研究将对此进行解析。

本研究的零模型分析结果(代数40.5%、几何41.4%)本质上构成了学生成绩间的班级差异，可以认为是教师、同伴中学入学方式共同作用的结果。

将这一结论与基于TIMSS 2003八年级的数据的零模型分析相比较，结果见表4.32。(黄慧静、辛涛，2007)

**表 4.32 分析结果**

| 美国 | 中国香港 | 瑞典 | 日本 |
| --- | --- | --- | --- |
| 55% | 59% | 47% | 15% |

代数成就和几何成就的教师水平方差解释率明显大于日本，与其他三个数据较接近，特别是考虑到分别计算代数内容和几何内容的分测试结果会小于整体计算的结果，从而可以认为我国七年级的情况与美国、瑞典的情况相当。同时也与基于德国和瑞士的勾股定理的测试的结果(43%)相当。(Lipowsky, et al.，2009)这个结论(特别是中、日对比研究)在某种程度上反映了中、日学生在校外学习方面可能存在差异，虽然通常认为两国的课外补习活动都比较"兴旺"，但是关于这一问题我国的中学入学方式的影响可能起着重要作用，这是绝对不能忽视的。

加入学生水平变量(部分模型加入了学校水平)的模型的分析结果，要明显高于基于我国某学区四年级学生样本获得的13.037%的结果(张文静，2009)，也明显大于罗恩等人(Rowan, Correnti, Miller, 2002)基于美国的前景(Prospects)数据在几个小学年级得出的 18%～28% 的结论，以及奈等人（Nye，Konstantopoulos，Hedges，2004）综述的基于来自 Tennessee（美国田纳西州）的 STAR 项目数据的幼儿园到三年级的 12.6%～13.1% 和金博尔等人（Kimball，et al.，2004）基于美国三年级到五年级样本的 9.64%～14.7% 的结论。这在某种程度上印证了年级差异性的存在。

从量化结果来看，在未控制学生水平变量前（零模型情况下）和控制学生水平变量［包括学生非随机分配变量（由学校均值刻画）、学生课外补习情况变量及学生家庭状况与课外学习资源变量］后，教师水平的方差解释率在不同数学内容和不同认知水平上均产生了非常明显的衰减。这与以往的研究结果类似（加入学生变量会使得教师水平的解释率出现衰减现象）。（Rowan，Correnti，Miller，2002；张文静，2009）

在加入学生水平变量（包括部分模型的学校水平变量）后，教师间的变异结果出现了较大的衰减，其中代数内容的教师间变异减少了 70.5%，几何内容的教师间变异减少了 57.6%。很可能是因为样本中的学生并非被随机安排到各个学校，而是基于或者是部分基于学习成绩"择校"的。

控制学生变量后的教师水平解释率变为代数（16.5%）、几何（23.5%），略偏高于罗恩等人（Rowan，Correnti，Miller，2002）基于美国的前景数据在几个小学年级得出的 8%～18% 的结论（当然，控制的学生变量有所差异，美国的研究未控制课外学习变量，而是控制了学生先前成绩变量和 SES 变量）。奈等人（Nye，Konstantopoulos，Hedges，2004）综述了 18 个不同时期、不同学段（主要是二至六年级）的美国的研究结论［主要是控制了学生先前成就的变量，即对学生成绩增长（Gain）的影响，及其他学生水平变量］，发现教师水平的解释率大体处于 7%～21% 的数量级，研究所获结果同样略微高于该数据，或处于偏高的位置。当然，这种比较要考虑到中、美课程本身在代数内容和几何内容分布上的差异（康玥媛、曹一鸣，2013），以及教师影响在不同数学内容上的差异性特征。

从整体上讲，正如基于认知诊断理论和同一学科的两大不同的基本内容领域设计的教师影响研究的初衷，教师对学生数学学业成就的影响在不同内容（代数内容和几何内容）上呈现出不同的模式，而在不同的认知水平层次上呈现出了大体类似的模式。这也反映了莎沃森等人（Shavelson，Webb，Burstein，1986）提出的"重视心理学理论和心理测量理论应用于教师影响研究的重要意义"的观点是有远见的，并在一定程度上在本研究中得以实现。

需注意的是，方差的分解技术并非全部的刻画变量间的因果影响，对此需要谨慎理解［如这种技术需要假设班级间的差异来自教师（忽略同伴间影响）］，在某种程度上刻画是劳登布什等人（Raudenbush，Bryk，1986；Raudenbush，2004）提出的 Type A 的影响：$A_{ij} = P_{ij} + C_{ij}$，包括学校（班级）、环境（组织效应与同伴效应等）和实践的影响。但同时，这也是一个非常好的探查可能的影响因素（影响尺度）的方式，可为后续研究提供基础。（Rowan，Correnti，Miller，2002）

如前文所述，上述研究方式从整体上刻画了教师影响的尺度，但正如康斯坦托普洛斯和 Sun（Konstantopoulos，Sun，2012）所描述的，这类研究无法刻画教师影响的组成。

下面进一步深入研究教师因素的构成，特别是教师的课堂教学行为的作用，从而更为深入地刻画教师对学生学业成就的影响。

# 第二节　教师变量对学生学业成就的影响分析与讨论——教师影响的结构分析

## 一、对代数内容的教师影响结构分析

首先尝试利用 HLM 对教师水平的数据进行分析，并分析加入教师变量后的模型运行结果。

这里仍然以对代数测试成就（IRT 成绩）的分析为例展现分析过程，对其他的成就仅呈现模型运行的结果。

需要注意的是，这部分分析的样本有所变化，由于数据的限制，分析仅基于学区 B 和学区 C（使用相同的教科书）的数据。

针对代数测试的情况具体描述统计如下。

首先给出学生水平各个变量和教师水平各个变量的描述统计。在此基础上，基于不同的统计模型对教师变量对学生成就的可能影响进行探查，结果见表 4.33。

表 4.33　各协变量描述统计

| LEVEL-1 DESCRIPTIVE STATISTICS | | | | LEVEL-2 DESCRIPTIVE STATISTICS | | | |
|---|---|---|---|---|---|---|---|
| VARIABLE NAME | $N$ | MEAN | SD | VARIABLE NAME | $N$ | MEAN | SD |
| ZBILOGIR （IRT 成绩） | 610 | 0.05 | 1.09 | TEACHING （教龄） | 36 | 14.36 | 7.00 |

| LEVEL-1 DESCRIPTIVE STATISTICS | | | | LEVEL-2 DESCRIPTIVE STATISTICS | | | |
|---|---|---|---|---|---|---|---|
| VARIABLE NAME | N | MEAN | SD | VARIABLE NAME | N | MEAN | SD |
| ZSCHOOLM （学校均值） | 610 | 0.05 | 0.58 | GENDER （性别） | 36 | 0.22 | 0.42 |
| STANDARD | 610 | −0.02 | 1.05 | EDUCATION （学历） | 36 | 0.08 | 0.28 |
| HIGHSTAN （高认知水平成就） | 610 | 0.23 | 1.03 | TASKLEVE （数学任务） | 36 | 3.58 | 0.60 |
| SC3 | 610 | 1.60 | 1.38 | HTASKING （教师提问） | 36 | 0.32 | 0.25 |
| SC7 | 610 | 0.46 | 0.50 | HTRESPON （教师反馈） | 36 | 0.49 | 0.33 |

## （一）基于 HLM 的教师影响结构分析

下面对不同的教师变量分别进行回归分析。

1. 数学任务（过程变量）

首先加入过程变量中的数学任务的变量，基于前文综述的已有数据，掌握了各个教师课堂教学中使用各个水平的任务数量的记录。通过探索性的分析，发现教师在课堂教学中采用最高任务水平（标记为 TASKLEVE）是重要的因素。具体分析如下。

模型：

Level-1：$Y = B0 + B1 \times (ZSCHOOLM) + B2 \times (SC3) + B3 \times (SC7) + R$。

Level-2：$B0 = G00 + G01 \times (TASKLEVE) + U0$，

$B1 = G10$，

$B2 = G20$，

$B3 = G30$。

鉴于在编码体系中，对数学任务的变量，0 值没有编码与之对应，因此对数学任务变量采取对中策略，从而使得水平 2 的截距更有实际意义。

结果见表 4.34（稳健的标准误差）。

表 4.34　确定效应的估计(稳健的标准误差)7

| Fixed Effect | Coefficient | Standar Error | T-Ratio | Approx df | P-Value |
|---|---|---|---|---|---|
| INTRCPT2(G00) | −0.096675 | 0.085238 | −1.134 | 34 | 0.265 |
| TASKLEVE(G01) | 0.241087 | 0.123587 | 1.951 | 34 | 0.059 |

基于模型的运行结果可以看到：TASKLEVEL(任务级)变量对学生的代数成就呈正向影响，回归系数为 0.245674，并且具有尚可的统计显著性水平($P=0.059$)。加入该变量后的方差削减比例[1]结果为 11.8%，也就是说这个变量解释了学生数学学业成就在教师间差异的 11.8%，从而占据了实质性比重。这可能预示着高认知水平的课堂数学任务会提升学生的代数成就。

对相对低认知水平成就数据进行分析，得到如表 4.35 所示的结果。

表 4.35　确定效应的估计(稳健的标准误差)8

| Fixed Effect | Coefficient | Standard Error | T-Ratio | Approx df | P-Value |
|---|---|---|---|---|---|
| INTRCPT2(G00) | −0.149620 | 0.090219 | −1.658 | 34 | 0.106 |
| TASKLEVE(G01) | 0.073938 | 0.121365 | 0.609 | 34 | 0.546 |

注意到对低认知水平的分析结果与整体代数成就情况出现差异，数学任务水平与学生在低认知水平成就的影响系数为正数(0.073938)，但大大小于整体代数成就的影响系数，统计显著性也不佳($P=0.546$)。而对高认知水平成就的分析又出现了与低认知水平分析不同的情况，结果见表 4.36。

表 4.36　确定效应的估计(稳健的标准误差)9

| Fixed Effect | Coefficient | Standard Error | T-Ratio | Approx df | P-Value |
|---|---|---|---|---|---|
| INTRCPT2(G00) | 0.168911 | 0.077138 | 2.190 | 34 | 0.035 |
| TASKLEVE(G01) | 0.221738 | 0.127169 | 1.744 | 34 | 0.090 |

这时数学任务的影响(0.221738)高于低认知水平(0.073938)，与整体代数成就(0.245674)大体相当，统计显著性的结果尚可($P=0.090$)。同时，数学

---

① ［美］Raudenbush S. W. , Bryk A. S. :《分层线性模型：应用与数据分析方法》，第 2 版，72 页，郭志刚等译，北京，社会科学文献出版社，2007。

任务变量对教师水平方差解释率的影响也是较为明显的（由 $9.6\%$[①] 降到 $8.2\%$），方差消减比例为 $16.7\%$。

信度分析的结果表明，对参数估计的结果需要谨慎理解，见表 4.37。

表 4.37　信度分析

| Random | Level-1 | Reliability estimate |
|---|---|---|
| INTRCPT1 | B0 | 0.586 |

通过上述数据结果可以看到，教师在课堂教学中选择的若干数学任务中最高的任务水平对学生在高认知水平上的代数学业成就呈现较为显著的正向影响，这个影响也延展到了整体的代数水平上，而对低认知水平的学业成就的影响较小，且不具有统计显著性。进而说明了在数学课堂教学中使用高认知需求的数学任务的作用点主要集中于相对高的认知水平属性，同时也没有发现对相对低认知水平属性成就的负影响。从而更加证实了高认知水平属性的作用机制，即促进学生积极参与高水平的数学认知活动，并促进深度概念理解、数学思维与技能发展等（Stein，2008），同时使用高认知需求的数学任务可能造成的时间和进度上的缓慢也没有发现对低认知水平的属性成就（如记忆、熟练的程序的达成）造成不利的影响。

2. 课堂对话与交互作用（过程变量）

用前文所述的课堂对话和交互作用维度的三个变量对模型进行估计。

模型：

Level-1：$Y = B0 + B1 \times (ZSCHOOLM) + B2 \times (SC3) + B3 \times (SC7) + R$。

Level-2：$B0 = G00 + G01 \times (HTASKING) + G02 \times (HTRESPON) +$
　　　　$G03 \times (HSRESPON) + U0$，
　　　　$B1 - G10$，
　　　　$B2 = G20$，
　　　　$B3 = G30$。

结果见表 4.38（稳健的标准误差）。

---

① 同样需要注意的是，虽然 $9.9\%$ 这个数据是基于两个学区的学生样本获得的，但与基于三个学区学生样本获得的结果（$11.1\%$）大体上却相当，差别不大。

表 4.38  确定效应的估计(稳健的标准误差)10

| Fixed Effect | Coefficient | Standard Error | T-Ratio | Approx df | P-Value |
|---|---|---|---|---|---|
| INTRCPT2(G00) | −0.220270 | 0.134717 | −1.635 | 32 | 0.111 |
| HTASKING(G01) | −0.042766 | 0.306314 | −0.140 | 32 | 0.890 |
| HTRESPON(G02) | 0.139594 | 0.240923 | 0.579 | 32 | 0.566 |
| HSRESPON(G03) | 0.223805 | 0.304156 | 0.736 | 32 | 0.467 |

如前文所述,这三个变量表达的意义分别是:

(1)教师高水平提问的百分比变量(HTASKING);

(2)教师高水平反馈的百分比变量(HTRESPON);

(3)学生高水平回答反馈的百分比变量(HSRESPON)。

可以看到,均大于或接近 0.05 的 $P$ 值估计说明现有的数据不足以反映师生对话与互动情况的变量和学生的代数成就直接相关。

下面的模型运行结果表明了针对相对低认知水平成就和相对高认知水平成就的情况,上述三个变量都没有显示出存在相关关系。这就在三个不同的学业成就中形成了具有一致性的结论。

低认知水平的结果见表 4.39(稳健的标准误差)。

表 4.39  确定效应的估计(稳健的标准误差)11

| Fixed Effect | Coefficient | Standard Error | T-Ratio | Approx df | P-Value |
|---|---|---|---|---|---|
| INTRCPT2(G00) | −0.172185 | 0.140687 | −1.224 | 32 | 0.230 |
| HTASKING(G01) | −0.089013 | 0.279505 | −0.318 | 32 | 0.752 |
| HTRESPON(G02) | 0.192497 | 0.231507 | 0.831 | 32 | 0.412 |
| HSRESPON(G03) | −0.130362 | 0.256060 | −0.509 | 32 | 0.614 |

高认知水平的结果见表 4.40(稳健的标准误差)。

表 4.40  确定效应的估计(稳健的标准误差)12

| Fixed Effect | Coefficient | Standard Error | T-Ratio | Approx df | P-Value |
|---|---|---|---|---|---|
| INTRCPT2(G00) | 0.119944 | 0.098666 | 1.216 | 32 | 0.233 |
| HTASKING(G01) | −0.084045 | 0.248395 | −0.338 | 32 | 0.737 |
| HTRESPON(G02) | 0.006934 | 0.206967 | 0.034 | 32 | 0.974 |
| HSRESPON(G03) | 0.231925 | 0.254114 | 0.913 | 32 | 0.369 |

3. 教师讲解(过程变量)

对教师的课堂讲解行为,尝试在本研究的背景下加以考量,即加入学生水平模型对教师高水平讲解的百分比变量(THTEACHING)进行考量。

模型:

Level-1:$Y=B0+B1\times(ZSCHOOLM)+B2\times(SC3)+B3\times(SC7)+R$。

Level-2:$B0=G00+G01\times(THTEACHING)+U0$,

$\quad\quad\quad\quad B1=G10$,

$\quad\quad\quad\quad B2=G20$,

$\quad\quad\quad\quad B3=G30$。

模型运行结果显示,没有发现这个维度的变量对学生成绩存在影响。这可能在某种程度上证实了教师讲授水平的高低并未直接与学生在基础性的三个水平和整体上的代数成就产生相关。当然,这并不意味着可以完全否定教师讲解的意义,特别是本研究集中于三个基础性的认知水平,而联系数学思想方法这种更具一般性的讲解方式可能更集中于对更高层次的认知水平成就的影响,及非认知因素成就(如对数学的信念、态度等)的影响。结果见表 4.41(稳健的标准误差)。

表 4.41　确定效应的估计(稳健的标准误差)13

| Fixed Effect | Coefficient | Standard Error | T-Ratio | Approx df | P-Value |
|---|---|---|---|---|---|
| 代数测试(IRT):<br>THTEACHING(G01) | −0.038844 | 0.229549 | −0.169 | 34 | 0.867 |
| 低认知水平成就:<br>THTEACHING(G01) | −0.078472 | 0.190172 | −0.413 | 34 | 0.682 |
| 高认知水平成就:<br>THTEACHING(G01) | −0.075127 | 0.191895 | −0.392 | 34 | 0.697 |

4. 前变量

将较为容易获得的、用来刻画教师基本特征的教龄、性别、学历变量纳入分析中。

变量名分别为:TEACHING,GENDER,EDUCATION。

模型:

Level-1:$Y=B0+B1\times(ZSCHOOLM)+B2\times(SC3)+B3\times(SC7)+R$。

Level-2:$B0=G00+G01\times(TEACHING)+G02\times(GENDER)+G03\times(EDUCATION)+U0$,

B1＝G10，

B2＝G20，

B3＝G30。

模型运行结果见表 4.42。

表 4.42 确定效应的估计(稳健的标准误差)14

| | Fixed Effect | Coefficient | Standard Error | T-Ratio | Approx df | P-Value |
|---|---|---|---|---|---|---|
| 代数测试(IRT) | TEACHING(G01) | 0.003056 | 0.011228 | 0.272 | 32 | 0.787 |
| 低认知水平成就 | TEACHING(G01) | −0.001331 | 0.010821 | −0.123 | 32 | 0.903 |
| 高认知水平成就 | TEACHING(G01) | 0.005340 | 0.009324 | 0.573 | 32 | 0.570 |
| 代数测试(IRT) | GENDER(G02) | −0.188297 | 0.189875 | −0.992 | 32 | 0.329 |
| 低认知水平成就 | GENDER(G02) | −0.169761 | 0.183053 | −0.927 | 32 | 0.361 |
| 高认知水平成就 | GENDER(G02) | −0.105502 | 0.157785 | −0.669 | 32 | 0.508 |
| 代数测试(IRT) | EDUCATION(G03) | 0.077343 | 0.291106 | 0.266 | 32 | 0.792 |
| 低认知水平成就 | EDUCATION(G03) | −0.106882 | 0.278180 | −0.384 | 32 | 0.703 |
| 高认知水平成就 | EDUCATION(G03) | 0.155333 | 0.237768 | 0.653 | 32 | 0.518 |

通过表 4.42 可以看出，没有证据表明这三个变量对学生成绩具有直接预测作用。

对学历变量，博士研究生的单元空缺，硕士研究生的单元仅占 8.3％；对性别变量，男性教师仅占 22.2％。因此，这样不够多样化的样本(特别是学历情况)在一定程度上影响了可能的结论。

## (二)基于 SEM 的教师影响结构分析

基于 SEM 的模型可以从整体上建构起上述变量间的结构关系模型，从整体上探究上述变量的可能关系，特别是间接关系，与基于 HLM 的分析结果形成对照互证。

出于对样本量与模型复杂性的考虑，这里讨论两个前变量(教龄、学历)对三个维度的课堂教学实践变量的预测作用，同时，整体考虑课堂对话与交互作用的三个变量(教师提问、教师反馈、学生反馈)，即将其作为一个潜变量[DISCOURSE(对话)]考虑，形成一个结构方程模型。用 AMOS20 试用版的极大似然估计获得一个路径图(输出标准化的回归权重，同时对于三个测量变量的因子载荷，将教师高水平提问比例的变量载荷固定为1)。

首先对整体的代数成就(IRTSCORE)进行分析，输出标准路径系数的结果如图 4-1 所示。

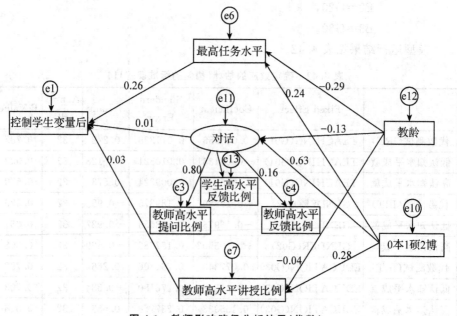

图 4-1　教师影响路径分析结果(代数)

此时，除了删除性别变量外，保留了前文假设的基本影响路径，即"前变量—过程变量—学习结果"(Dunkin，Biddle，1974)的影响路径。但此时的模型拟合估计的卡方检验结果似乎不佳(虽然是可以接受的)：Chi-Square＝13.482，Probability Level＝0.637。同时，也发现教师高水平的提问比例与学生高水平的反馈比例呈相关关系(相关系数为 0.455**)。

Chi-Square＝6.525，Probability Level＝0.769。

因此，尝试删除学生高水平反馈的变量。需要注意的是，这个删除行动并非仅基于模型拟合的检验，也考虑到了学生高水平反馈的变量并非由教师行为决定的(可参考上面计算的相关性)，因而考虑将其删除，获得新的模型估计结果，如图 4-2 所示。

同时，GFI＝0.955，CFI＝1.000，REMSEA＝0，反映了可以接受的模型拟合，获得如下的路径图(图 4-2)。

各路径系数显著性检验的结果①见表 4.43。

_____

① 对各变量残差的估计结果见附录 6。

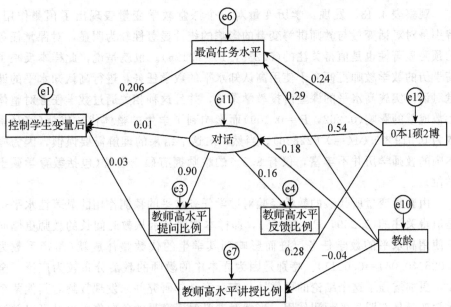

图 4-2　修正的教师影响路径分析结果（代数）

表 4.43　回归权重 1

| | Estimate | Standardized Regression Weights Estimate | S. E. | C. R. | $P$ |
|---|---|---|---|---|---|
| TASKLEVEL←EDUCATION | 0.519 | 0.239 | 0.340 | 1.528 | 0.126 |
| DISCOURSE←EDUCATION | 0.425 | 0.537 | 0.128 | 3.328 | * * * |
| THTEACHING←EDUCATION | 0.341 | 0.282 | 0.196 | 1.737 | 0.082 |
| TASKLEVEL←TEACHING | 0.025 | 0.289 | 0.014 | 1.847 | 0.065 |
| DISCOURSE←TEACHING | −0.006 | −0.180 | 0.005 | −1.118 | 0.264 |
| THTEACHING←TEACHING | −0.002 | −0.039 | 0.008 | −0.243 | 0.808 |
| IRTSCORE←TASKLEVEL | 0.044 | 0.262 | 0.027 | 1.601 | 0.109 |
| HTASKING←DISCOURSE | 1.000 | 0.902 | | | |
| HTRESPONSE←DISCOURSE | 0.237 | 0.157 | 0.444 | 0.533 | 0.594 |
| IRTSCORE←DISCOURSE | 0.006 | 0.013 | 0.084 | 0.071 | 0.944 |
| IRTSCORE←THTEACHING | 0.009 | 0.029 | 0.049 | 0.173 | 0.862 |

  观察表 4.43，发现：学历变量对三个课堂教学变量表现出了预测作用。特别是对对话变量与教师讲解变量的影响的统计显著性较为明显，对课堂任务的预测显著性也是值得关注的（0.239，$P=0.126$）。也就是说，此样本反映了高学历的数学教师更倾向于使用高认知水平的数学任务，进行高认知水平的课堂对话，实施高水平的课堂讲授教学策略，并且这种相关通过数学任务对整体代数成就的影响（0.262，$P=0.109$）而影响到了学生的整体代数成就（路径系数为 $0.519×0.044=0.022836$）。当然，对这个结果的理解需要谨慎，因为样本中的教师学历并不丰富，仅有 8.3％的教师拥有硕士学位（包括教育学硕士学位）。

  由教龄变量所代表的教学经验对数学任务水平的预测作用的显著性水平也是值得关注的（0.289，$P=0.065$），即样本数据显示从教时间长的教师更倾向于使用高水平的数学任务，进而影响到其学生的代数整体成就（路径系数为 $0.025×0.044=0.0011$）。特别是因为样本中的教师的教龄分布较为广泛、全面，更加增强了这个结论的可靠性与实际意义。研究并未发现教龄对其他两个教学变量具有明显的预测作用，当然对课堂对话变量的负向作用也是可以关注的（$-0.180$，$P=0.264$），即在本研究样本中，教龄时间长（教学经验丰富）的教师更倾向于开展相对低水平的课堂对话。

  样本数据中没有发现两个前变量对其他课堂教学过程的预测作用。

  对于课堂教学过程变量，数学任务变量仍然发现了其对于学生成就的影响（路径系数为 0.044，$P=0.109$）。没有发现课堂对话与交互作用的潜变量对于学生成就值得关注的影响，教师讲解变量亦如此。

  由此，上述结论与 HLM 的结论形成了互相印证、互相补充的研究结果。

  对学生相对低认知水平的成就，运用同样的方法获得如图 4-3 所示的路径图。

  这里的学生成就变量，是 HLM 中控制了学生水平变量后的每个教师所教授班级的平均值（包括后文的学生相对高认知水平的成就），也就是 HLM 分析结果中的学生水平残差变量针对每个教师的平均值。模型运行结果的显著性检验见表 4.44。

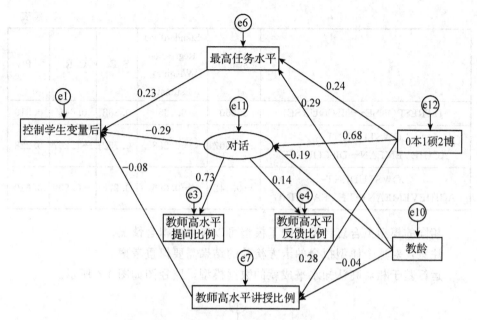

Chi-Square＝7.420，Probability Level＝0.685，

GFI＝0.947，CFI＝1.000，REMSEA＝0

**图 4-3 教师影响路径分析结果（相对低认知水平）**

**表 4.44 回归权重 2**

| | Estimate | Standardized Regression Weights: Estimate | S. E. | C. R. | $P$ |
|---|---|---|---|---|---|
| TASKLEVEL←TEACHING | 0.025 | 0.289 | 0.014 | 1.847 | 0.065 |
| DISCOURSE←TEACHING | −0.005 | −0.185 | 0.005 | −0.960 | 0.337 |
| THTEACHING←TEACHING | −0.002 | −0.039 | 0.008 | −0.243 | 0.808 |
| TASKLEVEL←EDUCATION | 0.519 | 0.239 | 0.340 | 1.528 | 0.126 |
| DISCOURSE←EDUCATION | 0.436 | 0.677 | 0.127 | 3.433 | * * * |
| THTEACHING←EDUCATION | 0.341 | 0.282 | 0.196 | 1.737 | 0.082 |
| LOWSTUDENT-ACHIEVEMEAN←TASKLEVEL | 0.215 | 0.230 | 0.152 | 1.419 | 0.156 |
| HTASKING←DISCOURSE | 1.000 | 0.733 | | | |

续表

| | Estimate | Standardized Regression Weights: Estimate | S. E. | C. R. | P |
|---|---|---|---|---|---|
| HTRESPONSE←DISCOURSE | 0.250 | 0.135 | 0.388 | 0.645 | 0.519 |
| LOWSTUDENT-ACHIEVEMEAN←DISCOURSE | −0.907 | −0.288 | 0.752 | −1.207 | 0.228 |
| LOWSTUDENT-ACHIEVEMEAN←THTEACHING | −0.142 | −0.085 | 0.278 | −0.509 | 0.610 |

相同的模型拟合统计量反映了模型可以接受的拟合情况。

注意：对这个模型拟合的卡方检验的结果需要慎重考虑。

运行基于相对高认知水平成就的数据模型，路径图如图 4-4 所示。

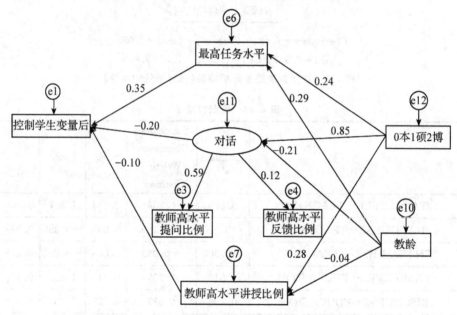

Chi-Square=6.611，Probability Level=0.762，GFI=0.952，
CFI=1.000，REMSEA=0

图 4-4　教师影响路径分析结果(相对高认知水平)

模型运行结果的显著性检验见表 4.45。

表 4.45　回归权重 3

| | Estimate | Standardized Regression Weights：Estimate | S. E. | C. R. | P |
|---|---|---|---|---|---|
| TASKLEVEL←TEACHING | 0.025 | 0.289 | 0.014 | 1.847 | 0.065 |
| DISCOURSE←TEACHING | −0.004 | −0.210 | 0.005 | −0.885 | 0.376 |
| THTEACHING←TEACHING | −0.002 | −0.039 | 0.008 | −0.243 | 0.808 |
| TASKLEVEL←EDUCATION | 0.519 | 0.239 | 0.340 | 1.528 | 0.126 |
| DISCOURSE←EDUCATION | 0.437 | 0.846 | 0.127 | 3.000 | |
| THTEACHING←EDUCATION | 0.341 | 0.282 | 0.196 | 1.737 | 0.082 |
| HIGHSTUDENT-ACHIEVEMEAN←TASKLEVEL | 0.314 | 0.348 | 0.143 | 2.192 | 0.028 |
| HTASKING←DISCOURSE | 1.000 | 0.587 | | | |
| HTRESPONSE←DISCOURSE | 0.274 | 0.119 | 0.444 | 0.618 | 0.537 |
| HIGHSTUDENT-ACHIEVEMEAN←DISCOURSE | −0.757 | −0.200 | 0.737 | −1.027 | 0.304 |
| HIGHSTUDENT-ACHIEVEMEAN←THTEACHING | −0.166 | −0.103 | 0.263 | −0.631 | 0.528 |

　　通过对相对低认知水平成就和相对高认知水平成就的模型运行结果的比较可知，对两个基本前变量，学历变量仍然通过数学任务变量对相对高认知水平的成就显示出了具有统计显著性的影响。

　　而需要注意的是，课堂教学中的数学任务对相对低的认知成就呈现一定的影响，虽然这种影响的统计显著性相对较弱（0.230，$P=0.156$）。但无论如何，两种模型的分析结果都反映了课堂教学中的数学任务对高认知水平成就的影响要大于对低认知水平成就的影响。

　　课堂对话变量对两个不同认知水平的影响值都为负值（−0.288 和−0.200），虽然不具有统计显著性（$P=0.228$ 和 $P=0.304$），但在某种程度上也是值得警惕的。

　　教龄变量的情况同样是通过对数学任务变量的影响间接对学生相对高认知水平的成就产生影响，同时这种影响具有统计显著性（$P=0.065$），且显著性水平高于数学任务。

这个结果同样与 HLM 分析的结果形成了相互支持、相互补充的分析结果体系。

## 二、对几何内容的教师影响结构分析

### (一)基于 HLM 的教师影响结构分析

运用与分析代数数据相同的思路,对几何数据进行分析。同样需要注意的是,这段分析的样本有所变化,由于数据的限制,分析仅基于学区 B 和学区 C 的数据(使用相同教科书)。几何数据情况的描述统计见表 4.46。

表 4.46 协变量描述统计

| LEVEL-1 DESCRIPTIVE STATISTICS | | | | LEVEL-2 DESCRIPTIVE STATISTICS | | | |
|---|---|---|---|---|---|---|---|
| VARIABLE NAME | $N$ | MEAN | SD | VARIABLE NAME | $N$ | MEAN | SD |
| ZIRT(几何测试分数 IRT) | 656 | −0.01 | 0.98 | TEACHING | 35 | 14.34 | 7.10 |
| SC3 | 656 | 1.51 | 1.42 | GENDER | 35 | 0.23 | 0.43 |
| ZLEVEL1① (相对低认知水平成就) | 656 | 0.01 | 1.00 | EDUCATION | 35 | 0.09 | 0.28 |
| ZLEVEL2 (中等认知水平成就) | 656 | 0.06 | 0.99 | TASKLEVE | 35 | 3.57 | 0.61 |
| ZLEVEL3 (相对高认知水平成就) | 656 | 0.06 | 1.06 | HTASKING | 35 | 0.33 | 0.25 |
| | | | | HTRESPON | 35 | 0.50 | 0.33 |
| | | | | HSRESPON | 35 | 0.31 | 0.28 |
| | | | | THTEACHING | 35 | 0.36 | 0.34 |

针对几何测试情况的具体描述统计如下。

---

① 因为学区 B,C 子样本的相对低认知水平的成就(相对三个学区的 $z$ 分数)并非服从标准正态分布,因此再次进行正态化处理。

1. 数学任务(过程变量)

结果见表 4.47。

表 4.47　确定效应的估计(稳健的标准误差)15

| Fixed Effect | Coefficient | Standard Error | T-Ratio | Approx df | P-Value |
|---|---|---|---|---|---|
| INTRCPT2(G00) | 0.170910 | 0.090574 | 1.887 | 33 | 0.039 |
| TASKLEVE(G01) | 0.331261 | 0.142519 | 2.324 | 33 | 0.026 |

与代数的情况类似,在几何数据背景下,教师在课堂教学中使用的数学任务的最高认知水平对学生的整体几何成就($z$-IRT 分数)仍然呈现正向影响(系数为 0.331261),且具有很明显的统计显著性($P=0.026$)。方差消减比例为24.1%,即课堂任务变量,解释了教师影响差异的 24.1%,这个数据明显大于代数情况的 11.8%,从而可以说明数学学科内部不同领域之间的某些不同,数学任务在教师教学效能中起到了更大的作用。对相对低认知水平的情况,运行模型的结果见表 4.48。

表 4.48　确定效应的估计(稳健的标准误差)16

| Fixed Effect | Coefficient | Standard Error | T-Ratio | Approx df | P-Value |
|---|---|---|---|---|---|
| INTRCPT2(G00) | 0.133557 | 0.085179 | 1.568 | 33 | 0.126 |
| TASKLEVE(G01) | 0.195425 | 0.112258 | 1.741 | 33 | 0.091 |

针对中等认知水平情况,运行模型结果见表 4.49。

表 4.49　确定效应的估计(稳健的标准误差)17

| Fixed Effect | Coefficient | Standard Error | T-Ratio | Approx df | P-Value |
|---|---|---|---|---|---|
| INTRCPT2(G00) | 0.188239 | 0.083450 | 2.256 | 33 | 0.031 |
| TASKLEVE(G01) | 0.346632 | 0.110459 | 3.138 | 33 | 0.004 |

针对高认知水平情况,运行模型结果见表 4.50。

表 4.50　确定效应的估计(稳健的标准误差)18

| Fixed Effect | Coefficient | Standard Error | T-Ratio | Approx df | P-Value |
|---|---|---|---|---|---|
| INTRCPT2(G00) | 0.274633 | 0.100914 | 2.721 | 33 | 0.011 |
| TASKLEVE(G01) | 0.362476 | 0.149376 | 2.427 | 33 | 0.021 |

整体观察数学任务变量在三个认知水平上的影响估计结果,该变量对三个水平上的学业成就均呈正向影响,同时具有值得关注的统计显著性(除了相对低认知水平 $P=0.196$,是一个在下结论时需要考量的,但也是值得关注的显著性水平,其他两个回归系数的显著性水平都小于 0.05)。而且从教师变量方差削减率的角度而言,相对低认知水平未产生方差的削减,中等认知水平和高认知水平的方差削减率分别为 23.7% 和 29.4%。由这个结果可以看出,高认知水平课堂数学任务的设计,对高认知水平学业成就的达成具有更为重要的意义。

2. 课堂对话与交互作用(过程变量)

加入三个课堂对话与交互作用的过程变量的整体几何成就的模型运行结果见表 4.51。

表 4.51　确定效应的估计(稳健的标准误差)19

| Fixed Effect | Coefficient | Standard Error | T-Ratio | Approx df | P-Value |
|---|---|---|---|---|---|
| INTRCPT2(G00) | −0.004856 | 0.139455 | −0.035 | 31 | 0.973 |
| HTASKING(G01) | 0.145930 | 0.252843 | 0.577 | 31 | 0.568 |
| HTRESPON(G02) | 0.154636 | 0.250002 | 0.619 | 31 | 0.540 |
| HSRESPON(G03) | 0.161832 | 0.270380 | 0.599 | 31 | 0.553 |

与代数的情况类似,同样没有发现三个用来刻画课堂对话与交互作用的变量与学生的整体几何成就存在具有统计显著性的关系($P$ 值都接近或大于 0.5),虽然这些变量的影响系数都为正数。

对三个不同认知水平的成就加入三个课堂对话与交互作用变量的模型,低认知水平成就的模型运行结果见表 4.52。

表 4.52　确定效应的估计(稳健的标准误差)20

| Fixed Effect | Coefficient | Standard Error | T-Ratio | Approx df | P-Value |
|---|---|---|---|---|---|
| INTRCPT2(G00) | −0.123795 | 0.158057 | −0.783 | 31 | 0.440 |

| Fixed Effect | Coefficient | Standard Error | T-Ratio | Approx df | P-Value |
|---|---|---|---|---|---|
| HTASKING(G01) | 0.504744 | 0.320508 | 1.575 | 31 | 0.125 |
| HTRESPON(G02) | 0.265376 | 0.217201 | 1.222 | 31 | 0.231 |
| HSRESPON(G03) | −0.128133 | 0.279620 | −0.458 | 31 | 0.650 |

中等认知水平成就的模型运行结果见表 4.53。

表 4.53　确定效应的估计(稳健的标准误差)21

| Fixed Effect | Coefficient | Standard Error | T-Ratio | Approx df | P-Value |
|---|---|---|---|---|---|
| INTRCPT2(G00) | −0.036299 | 0.152029 | −0.239 | 31 | 0.813 |
| HTASKING(G01) | 0.297587 | 0.270602 | 1.100 | 31 | 0.280 |
| HTRESPON(G02) | 0.215936 | 0.234822 | 0.920 | 31 | 0.365 |
| HSRESPON(G03) | 0.058080 | 0.306539 | 0.189 | 31 | 0.851 |

高认知水平成就的模型运行结果见表 4.54。

表 4.54　确定效应的估计(稳健的标准误差)22

| Fixed Effect | Coefficient | Standard Error | T-Ratio | Approx df | P-Value |
|---|---|---|---|---|---|
| INTRCPT2(G00) | 0.152487 | 0.132461 | 1.151 | 31 | 0.259 |
| HTASKING(G01) | −0.203740 | 0.292415 | −0.697 | 31 | 0.491 |
| HTRESPON(G02) | 0.113627 | 0.282428 | 0.402 | 31 | 0.690 |
| HSRESPON(G03) | 0.422481 | 0.302214 | 1.398 | 31 | 0.172 |

通过上述结果可以看出，在三个不同认知水平上，没有证据表明三个课堂对话与交互作用变量对学生几何成就产生某种影响。例外的是低认知水平的成就的情况。下面两个变量的统计显著性检验是需要关注的：高水平的教师提问和反馈有可能正向影响学生在低认知水平几何任务上的成就（G01＝0.504744，$P＝0.125$）；高认知成就可能与学生高水平的反馈行为呈相关关系（G03＝0.422481，$P＝0.172$）。

3. 教师讲解(过程变量)

对整体几何成就加入教师讲解变量后的模型运行结果见表 4.55。

表 4.55　确定效应的估计(稳健的标准误差)23

| Fixed Effect | Coefficient | Standard Error | T-Ratio | Approx df | P-Value |
|---|---|---|---|---|---|
| INTRCPT2(G00) | 0.161335 | 0.107926 | 1.495 | 33 | 0.144 |
| THTEACHING(G01) | 0.019735 | 0.228617 | 0.086 | 33 | 0.932 |

　　与代数的情况类似，仍然没有发现教师讲解变量对学生几何学业成就的统计显著性影响，虽然回归系数是整数。同样，也没有发现该变量对三个认知水平的成就具有影响的证据，结果见表 4.56。

表 4.56　确定效应的估计(稳健的标准误差)24

| | Fixed Effect | Coefficient | Standard Error | T-Ratio | Approx df | P-Value | Reliability estimate |
|---|---|---|---|---|---|---|---|
| 低认知水平 | THTEACHING (G01) | 0.135917 | 0.210139 | 0.719 | 33 | 0.477 | 0.777 |
| 中等认知水平 | THTEACHING (G01) | 0.026895 | 0.225667 | 0.119 | 33 | 0.906 | 0.816 |
| 高认知水平 | THTEACHING (G01) | 0.012261 | 0.223324 | 0.055 | 33 | 0.957 | 0.758 |

4. 前变量

　　下面检验三个教师基本人口学特征变量对学生学业成就的预测作用，结果见表 4.57。

表 4.57　确定效应的估计(稳健的标准误差)25

| | Fixed Effect | Coefficient | Standard Error | Approx df | T-Ratio | P-Value |
|---|---|---|---|---|---|---|
| 整体几何成就 | TEACHING(G01) | −0.004003 | 0.009778 | −0.409 | 31 | 0.685 |
| 低认知水平成就 | TEACHING(G01) | −0.008174 | 0.009695 | −0.843 | 31 | 0.406 |
| 中等认知水平成就 | TEACHING(G01) | −0.002987 | 0.010553 | −0.283 | 31 | 0.779 |
| 高认知水平成就 | TEACHING(G01) | 0.003188 | 0.010689 | 0.298 | 31 | 0.767 |

续表

| | Fixed Effect | Coefficient | Standard Error | Approx df | T-Ratio | P-Value |
|---|---|---|---|---|---|---|
| 整体几何成就 | GENDER(G02) | −0.293610 | 0.172684 | −1.700 | 31 | 0.099 |
| 低认知水平成就 | GENDER(G02) | −0.279574 | 0.171567 | −1.630 | 31 | 0.113 |
| 中等认知水平成就 | GENDER(G02) | −0.213527 | 0.186233 | −1.147 | 31 | 0.261 |
| 高认知水平成就 | GENDER(G02) | −0.179293 | 0.189178 | −0.948 | 31 | 0.351 |
| 整体几何成就 | EDUCATION(G03) | 0.265972 | 0.257395 | 1.033 | 31 | 0.310 |
| 低认知水平成就 | EDUCATION(G03) | 0.171048 | 0.254774 | 0.671 | 31 | 0.507 |
| 中等认知水平成就 | EDUCATION(G03) | 0.316272 | 0.277972 | 1.138 | 31 | 0.264 |
| 高认知水平成就 | EDUCATION(G02) | 0.245552 | 0.280852 | 0.874 | 31 | 0.389 |

在表 4.57 中需要特别注意的是性别变量对学业的影响，即样本反映了女性教师的学生在各个方面的几何成就（特别是整体几何成就和低认知水平成就）高于男性教师的学生，这似乎为后续研究不同性别教师的教学差异提供了一个可能的方向。当然，对这个结果的理解要考虑到 35 位教师中男教师仅占 23%。

## (二)基于 SEM 的教师影响结构分析

运用与分析代数测试相同的模型，分析整体几何成就和各个认知水平上几何成就的数据。

但在运行模型的过程中，效果并不明显，在拟合整体几何数据、低认知水平数据、高认知水平数据时分别出现了残差估计为负值和卡方检验拟合 $P$ 值过低的情况，因此仅保留对中等认知水平成就的分析结果，并将其作为对 HLM 的补充，如图 4-5 所示。

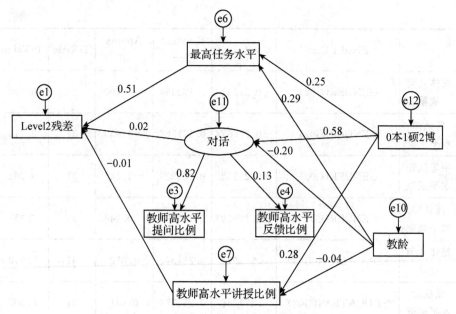

Chi-Square＝8.034，Probability Level＝0.626，

GFI＝0.943，CFI＝1.000，REMSEA＝0

**图 4-5  教师影响路径分析结果(中等认知水平)**

模型拟合的结果见表 4.58。

表 4.58  回归权重 4

|  | Estimate | Standardized Regression Weights Estimate | S. E. | C. R. | P |
|---|---|---|---|---|---|
| TASKLEVEL←TEACHING | 0.025 | 0.290 | 0.014 | 1.829 | 0.067 |
| DISCOURSE←TEACHING | −0.006 | −0.199 | 0.005 | −1.113 | 0.266 |
| THTEACHING←TEACHING | −0.002 | −0.039 | 0.008 | −0.235 | 0.814 |
| TASKLEVEL←EDUCATION | 0.533 | 0.247 | 0.342 | 1.558 | 0.119 |
| DISCOURSE←EDUCATION | 0.419 | 0.585 | 0.129 | 3.261 | 0.001 |
| THTEACHING←EDUCATION | 0.336 | 0.278 | 0.199 | 1.692 | 0.091 |
| LEVEL2RESID←TASKLEVEL | 0.076 | 0.513 | 0.022 | 3.467 | ＊＊＊ |
| HTASKING←DISCOURSE | 1.000 | 0.823 |  |  |  |

| | Estimate | Standardized Regression Weights Estimate | S. E. | C. R. | $P$ |
|---|---|---|---|---|---|
| HTRESPONSE←DISCOURSE | 0.217 | 0.134 | 0.442 | 0.491 | 0.624 |
| LEVEL2RESID←DISCOURSE | 0.010 | 0.022 | 0.080 | 0.123 | 0.902 |
| LEVEL2RESID←THTEACHING | 0.003 | 0.010 | 0.040 | 0.069 | 0.945 |

由表 4.57 可以看出，数学任务的估计结果与 HLM 的分析结果相当，并且显著性水平更高，同时教龄和学历变量通过课堂教学中的数学任务对学生成就有显著影响。

## 三、对教师影响结构分析结果的讨论

整体上来讲，本研究的样本均来自大城市的中心学区，有理由认为参与本研究的教师都具有一定的基本专业水准，因此，在考量教师课堂教学情况的影响时，可以假设其各个方面的教师水平均在基本水平之上。

因此，本研究的结果不宜在大范围内推广，特别是农村地区。

需要注意的是，对依赖于统计模型运行结果的因果推断（Causal Inference）是需要小心的，尤其是调查研究不是在实验研究的背景下进行的（Rowan，Correnti，Miller，2002），本研究强调多样的模型和结合已有研究结果建构结论的方式。

在这样的假设基础上，从下面几个方面具体分析上述模型的运行结果。

### (一)数学任务

由模型运行结果（表 4.59）可以看出，样本支持了课堂教学中所落实的数学任务情况（认知需求）的可能的重要作用。

表 4.59  对数学任务变量的模型运行结果统计

| | HLM 回归系数与方差消减比例 | SEM 路径系数（标准化的） |
|---|---|---|
| 整体代数成就 | 0.241087（$P=0.059$）；11.8% | 0.262（$P=0.109$） |
| 相对低代数水平成就 | 0.073938（$P=0.546$）；None | 0.230（$P=0.156$） |
| 相对高代数水平成就 | 0.221738（$P=0.090$）；16.7% | 0.348（$P=0.028$） |

续表

|  | HLM 回归系数与方差消减比例 | SEM 路径系数（标准化的） |
|---|---|---|
| 整体几何成就 | $0.331261(P=0.026)$；$24.1\%$ | None |
| 相对低几何水平成就 | $0.195425(P=0.091)$；$6.3\%$ | None |
| 中等几何水平成就 | $0.346632(P=0.004)$；$23.7\%$ | $0.513(P<0.001)$ |
| 相对高几何水平成就 | $0.362476(P=0.021)$；$29.4\%$ | None |

由表 4.58 可以看出，两个模型的运行结果均在某种程度上反映了教师在课堂教学中所使用的数学任务的最高认知需求水平很可能明显影响了学生数学成就的达成，特别是高认知水平属性成就的达成，统计显著性检验支持了这一结论。

同时，也考察了在每位教师课堂教学中，水平 4 任务比例作为教师变量的模型运行结果，没有发现显著的影响。因此，可以看到，数学任务的影响方式可能是不依赖于数量而依赖于质量的。这在某种程度上说明，单个或少数高认知需求的数学任务可以在课堂教学中相对长时间地影响学生的学习活动（Doyle，1983），进而更为深刻地影响学生数学学业成就。

总体来说，这个结果与 Quasar Project 的研究结果无疑是一致的（Silver，Stein，1996），同时也与利波夫斯基等人（Lipowsky，et al.，2009）基于勾股定理教学的短期研究获得的结果一致。这体现了以问题解决为教学核心的数学任务（特别是高认知水平的数学任务）在课堂教学中长效地为学生提供了参与高认知水平数学活动、发展其数学理解与思维的机会。（Silver，Stein，1996）同时，有研究强调[1]，任务的认知需求或挑战性可能需要非智力因素（如学生兴趣）作为中介或者共同发生作用，这也是后续研究需要关注的方向。

本研究特别关注了不同认知水平的教师影响，虽然前文对教师影响的整体分析表明，教师的整体影响在各个认知水平上没有明显的差异（对低认知水平的影响略高于对高认知水平的影响），但上述对教师影响的结构性分析表明：在数学任务的维度上，教师对高认知水平的属性成就（无论是代数还是几何）都表现出比对低认知水平的属性成就更大的影响；在高认知水平的情况下，接近五分之一的教师间差异可以被教师使用的最高数学任务水平所解释。特别是对

---

① 转引自 Lipowsky F.，Rakoczy K.，Pauli C.，et al.，"Quality of Geometry Instruction and Its Short-term Impact on Students' Understanding of the Pythagorean Theorem,"Learning and Instruction，2009，19(6)，pp.527-537.

低认知水平属性成就的影响很小[代数为 $0.073938(P=0.546)$；几何为 $0.195425(P=0.091)$；$6.3\%$]（甚至可以考虑忽略对代数的影响）。这恰好体现了数学任务的认知水平与其影响的学业成就的认知水平的一致性。各个水平上的影响皆为正向（即使某些显著性检验结果不佳）的事实可以说明，没有理由认为在课堂教学中使用高水平的数学任务减损了学生对低认知属性的学习，同时也反映了整体代数水平的差异更可能是由较高认知水平上的差异所决定的。

本研究也特别关注了不同数学内容领域之间的教师影响的差别，可以看到，课堂数学任务变量在几何内容的各个认知水平属性上相较于对应的代数内容解释了较大的教师间变异，同时也具有较代数情况更大的影响系数。这在某种程度上反映了代数和几何在教学与学习中可能存在的机制差异。当然，这个结果需要考虑到课堂录像数据并非是按照内容（代数和几何）分类的，因此，在理解这个结论时应当慎重，要考虑到代数和几何在课堂教学中的差异。

如前文分析，本研究本质上探究了高认知需求水平的数学任务对学生学习的作用机制，表现为推动学生积极参与高水平的数学认知任务，进而促进学生在深度概念理解、数学思维与技能方面的发展，且研究并未发现使用高认知需求水平的数学任务在时间与进度上对低认知水平的属性成就造成不利影响。

## (二)课堂对话与交互作用

对于课堂对话与交互作用这一过程变量，本研究的样本在两个模型的运行结果并未发现其对学生在两个基本数学领域和若干个认知水平上的学业成就存在影响。

两个值得关注的结果是，前文提到的高水平的教师提问与反馈对学生相对低认知水平几何成就的正向影响，虽然这个影响的统计显著性检验的结果并不理想，但似乎也不能完全忽略。另一个结果是，高认知水平的几何成就可能与学生高水平的反馈行为呈相关关系。

不过遗憾的是，对 SEM 的拟合结果不够理想（几何内容），无法双重探查上述可能的结论。因为所采取的工具不同，已有研究也不足以提供交互的佐证。但按照歌德（Goe，2007）的综述结果，"这类研究往往倾向于获得正向影响的结果"，这也可以为上述三个正向结果提供某种支持。

另外一个值得关注的关系是针对代数的两个认知水平的成就：由教师提问与反馈两个因子组成的课堂对话变量对两个不同认知水平的影响值都为负值（$-0.288$ 和 $-0.200$），虽然不具有统计显著性（$P=0.228$ 和 $P=0.304$），但在某种程度上也是值得警惕的。

考虑到样本量的因素可能影响统计功效，虽然上述结果没有支持高认知水平课堂对话与交互作用对学生学习有贡献的观点（特别是在建构主义理论背景和教育教学改革的背景下）。（Hiebert，Wearne，1993；Baxter，Williams，2010）但我们仍然不能忽略该类因素对学生数学学业成就的影响，某些需要开放性问题或表现性评价（Lane，Stone，2006）测量的高级认知思维能力，如批判性思维、创造性思维等。（蔡金法，2007；周超，2009）（本研究的标准化测试不易测量）当然也不能排除可能出现的负向影响，特别是对于代数而言。

此外，虽然模型的运行结果均未发现上述两个维度对学业成就具有明显影响，但需要考虑以下几点。

（1）样本量带来的统计功效问题，可能模型会探查不到可能存在的影响关系。

（2）我们对学生数学学业成就的评价属于标准化测试层面，对课程标准强调的四个水平的数学学业成就，仅测量了前三个水平。

（3）我们同样没有发现，相较于直接的教学方法，这类间接的、相对"消耗"时间的教学方法会负向影响学生在基础的几个认知水平上的成就或影响学生标准化测试的成就（除了在代数的两个认知水平的内容上，SEM 反映了一些"可疑"的信息），即没有证据证明这类教学方法消减了经典的讲授式的教学方式（张奠宙、宋乃庆，2004）对学生数学学业成就的贡献，这与斯特朗、沃德、格兰特（Stronge，Ward，Grant，2011）基于美国五年级学生的数据发现的对学生成绩影响较大的教师与影响较小的教师在提问的认知需求上没有明显的差异的结论和口头反馈可能有差异的结论相类似，也与利波夫斯基等人（Lipowsky，et al.，2006）在更广范畴内讨论的支持性环境对学生勾股定理学习成绩的影响的结论一致。以上研究结果在某种程度上为这类教学方法在中学数学课堂中的应用提供了支持。

因此，对高水平的师生对话互动的可能解释为，并未发现其（负向）影响学生在三个基本认知领域内的学业成就，同时该变量可能影响学生在更高的认知水平上的成就，即可能这些课堂教学维度的影响范围可能不如数学任务变量宽广，仅集中于学生最高认知水平（如创造性等）或者更直接地影响学生某些与数学学习相关的非智力因素的发展（进而间接影响学生的数学学习）。这也为未来的研究提供了方向。未来研究需要重点探查高水平的师生互动与课堂对话对学生高认知水平学业（如创造性），非认知因素学业（如动机、兴趣），以及班级学习共同体（Bielaczyc，Collins，1999）、班级文化与风气（卢谢峰，2006）形成的影响。

## (三)教师讲解

对于教师讲解变量，模型运行结果也未发现其对学业成就的显著性影响，即教师对数学思想方法的渗透并没有明显地比一般教师讲解更能够影响学生数学学业成就。

鉴于这是一个因其属于传统的、直接的教学方法而遭到"诟病"进而缺乏相关研究的领域，因此，本研究无法确定教师讲解变量没有显著影响的结论是否如课堂对话和交互作用类似的"影响域"（包括影响高级思维能力和非认知因素方面）问题，还是本身这个教学行为就是一种无效的教学行为。但是这两个可能的方向是未来研究需要关注的。

因此，对该变量维度的研究还需更为精致的研究设计。同时，没有发现对学生数学学业成就负影响的结论也为将该变量纳入教学实验研究提供了基本的科研理论保证。

## (四)前变量

从前文的模型运行结果可以看出，HLM 没有发现三个前变量对学生数学学业成就有直接预测作用。而 SEM 的运行结果表现出了教师的教龄与学历两个基本人口学变量对课堂教学变量有预测作用，进而表现出对学生数学学业成就有预测作用，即呈现间接的影响，这与瓜里诺等人（Guarino，et al.，2006）讨论的影响方式类似。

其中，教龄变量表现出对课堂任务有预测作用（标准化路径系数为 0.290，$P=0.067$），通过这个作用影响到学生数学学业成就，即教龄长的教师更倾向于选择认知需求更高的数学任务。考虑到本研究的教师样本中，教师的教龄分布较为广泛，因此这个变量的结果具有较强的说服力。

同时，对于 HLM 中的教龄变量，没有发现其对学生学业成就有直接预测作用，与之类似的 HLM 分析结果有针对四个东西方地区的 TIMSS 2003 八年级数学数据的分析结果（谢敏、辛涛、李大伟，2008），基于 TIMSS1999 四个东西方国家数学数据的分析结果（除美国外）（Xin，Xu，Tatsuoka，2004）及基于北京某区小学数学测试数据的分析结果（张文静、辛涛、康春花，2010）。但一项基于美国文化背景的研究综述具有不同结论（Wayne，Youngs，2003），在此综述的 21 个研究中，19 个研究引入了教龄变量，多数结论显示了教龄具有正向影响。里夫金、哈努塞克、凯恩（Rivkin，Hanushek，Kain，2005）的研究结果表明，教龄的预测作用可能仅发生在教师任教的前两年，这表明教龄的影响可能不是简单的、线性的。

这些结果也表明，由教龄反映的教师教学经验更可能集中表现为在对数学任务的深度理解方面占有优势，进而间接影响学生数学学业成就。同时，没有发现直接（线性）影响的事实也表明其间的关系可能是复杂的或非线性的[限于样本量的原因，本文无法对这个问题进行深入研究，如在不同的教龄阶段进行研究（Rivkin，Hanushek，Kain，2005）]。

学历变量则表现出对三个课堂教学维度有较为明显的预测作用，与四个成功拟合的 SEM 表现出来的结果较为一致，即拥有硕士研究生学历（包括数学专业的硕士和教育学硕士）的数学教师倾向于在课堂教学中使用高认知需求的数学任务（标准化路径系数为 0.247，$P=0.119$），同时更可能进行高认知水平的课堂对话与互动（由教师提问与教师反馈两个因素组成，因子载荷均为正值）（标准化路径系数为 0.585，$P=0.001$），也倾向于在教师讲解中渗透数学思想方法（标准化路径系数为 0.278，$P=0.091$）。

当然，如前文所述，在本研究的样本中，仅有 8% 左右的拥有硕士研究生学历的教师比例的变化与代表性有限，因此，在理解上述结果时需要十分谨慎，特别是不易依据这个结果做出有关教育政策等方面的实践决策和有关教师教育理论方面的实质性结论[特别是在已有研究结论并不统一的背景下（Wayne，Youngs，2003）]。

由于模型复杂性的限制，性别变量仅在 HLM 中加以检验。模型运行结果发现，女教师在几何教学中（包括课后辅导）存在一定的优势。确实有部分研究表明不同性别间存在教学效果差异（Krieg，2005），但要得到更加深入的结论仍需进一步开展深度研究，可能的方向是探讨教师性别和学生性别的交互作用（Krieg，2005），或性别对数学的学习与运用的影响等。

总体来说，本研究的研究结果与以往的类似，前变量只能较小地解释教师的影响。（Rivkin，Hanushek，Kain，2005；Konstantopoulos，Sun，2012）

### (五)未能被解释的教师影响结构的可能情形

通过上述模型运行结果可以看出，在本研究的变量系统中，解释了部分教师因素对学生成就的影响，但其中尚有很大一部分教师影响因素没有被阐释清楚，特别是对低认知水平的成就，几乎没有找到能够解释其差异的教师因素。

从理论上讲，前文综述过的所有教师因素变量都可能解释上述未尽差异，即未来研究的备选维度。但正如希伯特等人（Hiebert，Grouws，2007）强调的已有理论基础在这类研究中的作用，未来对教师变量的选择不应是盲目的。

许多学者分析了数学教师的非智力因素的重要意义，如菲利普（Philipp，2007）分析了教师的信念与情感等，这是本研究所没有关注的方向，也是科勒与格劳斯(Koehler，Grouws，1992)所关注的模型的重要组成部分，因此，也可以成为未来研究的重要关注方向。

在本研究着重研究教师课堂教学方面影响的基础上，教师影响的非课堂教学路径也是值得关注的。我们认为，基于我国国情，在教学实践中较为流行的班主任效应的教师因素的可能作用是其中最为值得关注的，特别是对班主任身份的关注，如班主任对学生的影响力可能影响了学生学习数学的时间和努力程度(或关注度)，进而影响到学生学习。

在更为广阔的视野下，考量教师对学生的非课堂影响(课下的指导与影响)、非学科影响(学生学习态度的影响)，是基于我国国情而特别考虑的问题，包括形成对适合教师职业的个人特征的概括。

# 第五章　研究结论

本研究尝试依照莎沃森、韦布、伯斯坦（Shavelson，Webb，Burstein，1986）强调的用认知心理学和心理测量学的理论与方法代替单维的概括性分数的观点来实现坎贝尔等人（Campbell，et al.，2003；2012）提出的差异性模型的研究构想。具体来说就是运用认知诊断理论中属性层次模型实现对学生在不同认知水平上的数学学业成就的测量，进而实现对教师影响的差异性刻画。

在这个过程中，两个基本的统计分析模型——多层线性模型和结构方程模型被同时应用到研究中，以达到交互论证、全面刻画教师影响的目的。同时基于研究的理论框架有针对性地收集了数据信息。

研究结果表明：

(1)基于我国大城市学区的数据，教师整体上在代数和几何两个基本领域内影响了学生数学学业成就，具有一定的方差解释力(9.8%～20.1%)和中等或偏上的统计效应量(0.31～0.45)。由这个结果可以发现，教师在学生的数学学习上发挥了重要作用。

(2)教师影响在代数和几何两个基本领域内存在明显差异。分析产生这个差异的原因可能与代数和几何两个数学分支的思维方式存在一定的差异有关，即不同的分支可能受到教师教学差异(质量差异)的影响程度不同。对此，克鲁捷茨基早在20世纪中期便从数学能力的角度关注和综述了数学能力的类型差异问题。当然，也不排除学生在数学不同分支上的天赋和兴趣等(非智力因素)的影响，教育神经科学的研究为此指明了一定的研究方向。也可能是由于教师在代数和几何两个领域教学水平不一致，这同样值得在未来基于数学教师的代数教学和几何教学进行比较研究。

(3)在本研究关心的三个基础性认知水平上(代数的认知水平有合并)，教师影响的尺度大体相当，代数(9.8%～11.2%，0.31～0.34)，几何(18.7%～20.1%，0.43～0.45)，同时也呈现出微小的差异，且从低认知水平到高认知水平逐渐增大。学生在低认知水平内容上的学习，比在高认知水平内容上的学习受教师的影响略微多些，但大体均衡。需要注意的是，这是在控制(平衡、拉齐)了部分学生背景变量的基础上得到的结果，因此不能按照通常的实践经验来理解。这个结果较好地反映了教师的教学水平在各个认知水平教学目标上的一致性，也表明了不同教师在专业发展上的需求是相对一致的。

（4）在解释教师影响的结构上，特别是在课堂教学的框架内，本研究基于不同模型的分析结果解释了相当比例的教师影响的内在结构。其中，教师在课堂教学中使用的数学任务在一定比例上解释了教师影响的结构，即教师落实的数学任务的最高认知水平影响了学生高认知水平的学业成就（特别是在几何内容上最为明显），这也同样与前面的结果一起反映了代数和几何在学习与教学方面可能存在差异。这个维度的重要意义与以往的国外的理论与实证研究的结果是一致的。（Doyle，1983；Stein，Grover，Henningsen，1996；Silver，Stein，1996；Henningsen，Stein，1997；Cai，et al.，2009）本研究提供了一个更为精致的刻画，探查出了高认知需求数学任务的可能作用机制，即高认知水平的数学任务促进学生参与高水平的数学思维活动，发展了其对高认知水平的教学内容的学习，同时在一定程度上促进了学生对低认知水平教学内容（特别是对几何内容而言）的学习。

（5）本研究没有发现另外两个基本的课堂教学维度对学生在基础性的三个认知水平上的学业成就的负向影响，几个值得关注的结果也都呈现正向影响（如教师提问、教师反馈对相对低的几何成就等）。这种情况为未来针对这两个维度提倡的相对"耗费"的教学方式的实验研究提供了一个基础性的科研理论保障［针对学生数学学业成就中的高级思维和非认知因素水平上的学业成就（Koehler，Grouws，1992；蔡金法，2007；周超，2009）］。

（6）本研究探讨了三个前变量对学业成就的预测作用。HLM仅发现女教师对学生几何成就（整体几何成就和相对低认知水平的学业成就）具有某种影响。但SEM发现了教学经验丰富的教师和高学历的教师通过使用有高认知需求的数学任务变量对学生数学学业成就（特别是相对高认知水平的学业成就）具有间接影响，同时对部分其他教学过程变量具有直接预测作用。本研究的结果反映了这两个变量在教师选拔和教师资源分配，乃至教师评价与职称评定中的可能作用。当然，考虑到样本质量，对学历变量作用的理解应当慎重。教龄的间接影响可能反映了教学经验对学生数学学业成就的预测机制具有复杂性（非线性），如教学的效果随着教师经验的增长而提高的现象可能仅发生在教师任教的前几年。（Rivkin，Hanushek，Kain，2005）总体来说，本研究的结果不仅与以往研究结果类似，反映了前变量只能较小地（甚至无法）解释教师影响的结构，且其预测作用可能是复杂的（Rivkin，Hanushek，Kain，2005；Konstantopoulos，Sun，2012），而且实现了利用认知诊断方法构建差异性教师影响模型的目的，相对全面地刻画并解释了教师对学生数学学业成就的影响。

需要说明的是，教学现象是多样的，教学模式发展的理想阶段是无模式化的超越与重构(曹一鸣，2003)，正如前文综述过的研究表明，不同的教学过程(传统的与现代)可能是有效地并存、并正向影响着学生的成就。本研究强调不同教学过程对学业成就的影响并非一定是排斥的、孤立的。拉维在这个意义上指出，本研究所发现的影响学生数学学业成就的教师因素(如课程任务)并非排斥与其他因素共同存在。本研究的结果可能只是给出了一种解构教师影响结构的可能方式。

当然，对上述研究的理解应当是基于研究的基本假设，结合研究的样本与模型运行情况得出的，对结论的理解需要考虑下列几点局限。

(1)样本代表性的问题：因为本研究学生样本的获得依靠的是近似的随机抽样，因此存在三个学区总体代表性的问题，也存在三个学区对我国学生代表性的问题。三个学区来自地区性大城市，因此在某种程度上代表了优质教育资源内部的情况。

(2)教师样本缺失的问题：由于数据收集的原因，样本中，仅有一半的教师收集到了课堂教学录像数据。同样存在对教师群体的代表性的问题，同时未能达到研究设计的统计功效计算对教师样本量的要求，因此可能影响到对某些未知因素的探查。

(3)测试设计对内容效度的问题：因为测试形式的原因，测试仅关注了课程标准要求的前三个基础的认知水平，而未包含最高的认知水平和非认知因素的成就要求。同时由于测试内容的限制，代数测试对三个认知水平进行了整合，从而并非对应于理论框架中的三个认知水平。

(4)限于研究条件的问题：用于评价学生的测试项目有限，同时学生的作答情况使得需要使用三参数二值模型估计猜测参数。这样就损失了多级评分的信息，影响了测试的结构效度，同时部分变量(如教师知识等)未能包含在模型之中。

(5)模型误差的积累：本研究系统地、线性地使用了多个统计模型与量表(测试)，因此各个模型的测量与拟合误差存在积累的情况，如 ANN 模型的误差与 SEM 拟合的误差会发生积累，学生测试和教师课堂教学分析量表的测量误差在 HLM 和 SEM 运行时会发生误差积累等，都会影响对结果的精确理解。

(6)差异模型的局限性：本研究的差异模型由于样本量的原因，局限于数学内容领域及不同的认知水平间，没有深入不同群体的学生间的差异(如城市、性别等)。无论对教师因素还是对学生因素，本研究都集中于在认知层面进行探讨(对重要的维度,教师知识的测量未能获得可用的数据),对非认知因素(教师与学生)的讨论还需在未来进行更深入的研究。

(7)班级是本研究分析、解释影响的基本单位,因此也造成容易混淆教师影响与同伴影响的问题。

(8)对教师影响的非课堂教学路径未能专门刻画。

总体来说,本研究基本实现了对数学教师影响的精确、全面的刻画,在不涉及高风险决策的情况下,得出了相对客观的一般性结论。在相对广阔的范围内提供了一个可作为决策依据与理论实证证据的研究结论。当然,在具体的领域(如本文开始综述的几个关注教师影响研究的领域)中应用本研究的研究结果时,需要将其与其他研究结果组成"证据链",从而全面进行政策决策(特别是高利害、高风险的决策)和理论论述。

# 参考文献

[1]ALEXANDER R J. Talk in teaching and learning：international perspectives ［M］//QCA. New perspectives on spoken English. London：QCA，2003.

[2] ANDERSON W L, KRATHWOHL D. A taxonomy for learning, teaching, and assessing：a revision of Bloom's taxonomy of educational objectives[M]. New York：Addison Wesley Longman，2001.

[3]ARON A，ARON N E，COUPS E. Statistics for psychology[M]. 4th ed. London：Prentice Hall，2005.

[4]BAKER D P, AKIBA M, LETENDRE G K，et al. Worldwide shadow education：Outside-school learning, institutional quality of schooling, and cross-national mathematics achievement［J］. Educational Evaluation and Policy Analysis，2001，23(1).

[5]BALLOU D, SANDERS W, WRIGHT P. Controlling for student background in value-added assessment of teachers[J]. Journal of Educational and Behavioral Statistics，2004，29(1).

[6]BAXTER J A, WILLIAMS S. Social and analytic scaffolding in middle school mathematics：managing the dilemma of telling[J]. Journal of Mathematics Teacher Education，2010，13(1).

[7]BIELACZYE K，COLLINS A. Learning communities in classrooms：a reconceptualization of educational practice[M]//Reigeluth C M. Instructional design theories and models：a new paradigm of instructional theory. Mahwah，New Jersey：Lawrence Erlbaum Associates，1999.

[8] BIRENBAUM M，KELLY A E，TATSUOKA K K. Diagnosing knowledge statesin algebra using the rule space model[J]. Journal of Research in Mathematics Education，1993，24(5).

[9]BIRENBAUM M, TATSUOKA C, YAMADA T. Diagnostic assessment in TIMSS-R：Between-countries and within-country comparisons of eighth graders' mathematics performance[J]. Studies in Educational Evaluation，2004，30(2).

[10]BLOOM B S, MADAUS G F, HASTINGS J T, et al. Handbook on

formative and summative evaluation of student learning[M]. New York: McGraw-Hill, 1971.

[11]BLOOM B. S Taxonomy of educational objectives: the classification of educational goals[M]. New York: Addison Wesley Longman, 1956.

[12]BLOOM H S, RICHBURG-HAYES L, BLACK A R. Using covariates to improve precision for studies that randomize schools to evaluate educational interventions[J]. Educational Evaluation and Policy Analysis, 2007, 29(1).

[13] BOSTON M, WOLF M K. Assessing academic rigor in mathematics instruction: The development of the instructional quality assessment toolkit[R]. Los Angles: National Center for Research on Evaluation, Standards, and Student Testing (CRESST), 2006.

[14]BRAY M. Researching shadow education: methodological challenges and directions[J]. Asia Pacific Education Review, 2010, 11(1).

[15] BROPHY J, GOOD T L. Teacher behavior and student achievement [M]// WITTROCK M C. Handbook of research on teaching. New York: Macmillan, 1986.

[16]CAI J, MOYER J C, NIE B, et al. Learning mathematics from classroom instruction using standards-based and traditional curricula: An analysis of instructional tasks[R]. Proceedings of the 31st annual meeting of the North American Chapter of the International Group for the Psychology of Mathematics Education. Atlanta, GA: Georgia State University, 2009.

[17] CAMPBELL J, KYRIAKIDES L, MUIJS D, et al. Assessing teacher effectiveness: different models[M]. London: Routledge, 2012.

[18]CAMPBELL R J, KYRIAKIDES L, MUIJS R D, et al. Differential Teacher Effectiveness: towards a model for research and teacher appraisal[J]. Oxford Review of Education, 2003, 29(3).

[19]CAO Y, XU L H, CLARKE D. Confucian heuristics and mathematics teaching in Shanghai: Qifa Shi teaching[C]//ICME 11: Proceedings of the International Congress on Mathematical Education, July 6-13, 2008, Mexican Mathematical Society, Monterrey, Mexico. Monterrey, Mexico: Mexican Mathematical Society, 2008.

[20]CARPENTER T P, BLANTON M L, COBB P, et al. Scaling up innovative practices in mathematics and science[R]. Madison, WI: National

center for improving student learning and achievement in mathematics and science, 2004.

[21]CARR M. The determinants of student achievement in Ohio's public schools［R］.Columbus, OH: Buckeye Institute for Public Policy Solutions, 2006.

[22]CARROLL J B. A model of school learning［J］.Teachers College Record, 1963, 64.

[23]CARROLL J B. The Carroll model: a 25-Year retrospective and prospective view［J］. Educational Researcher, 1989, 18(1).

[24]CARTER J P. Defining teacher quality: an examination of the relationship between measures of teachers' instructional behaviors and measures of their students' academic progress[D]. Chapel Hill: University of North Carolina, 2008.

[25]CHEN Y H, GORIN J S, THOMPSON M S, et al. Cross-cultural validity of the TIMSS-1999 mathematics test: verification of a cognitive model[J]. International Journal of Testing, 2008, 8(3).

[26]CLARK C M, PETERSON P L. Teacher' thought processes[M]// WITTROCK M C. Handbook of research on teaching. New York: Macmillan, 1986.

[27]CLARKE D J, EMANUELSSON J, JABLONKA E, et al. Making connections: comparing mathematics classrooms around the world[M]. Rotterdam: Sense, 2006.

[28]CLARKE D J, KEITEL C, SHIMIZU Y. Mathematics classrooms in twelve countries: the insider's perspective[M]. Rotterdam: Sense, 2006.

[29]COBB P, BOUFI A, MCCLAIN K, et al. Reflective discourse and collective reflection[J]. Journal for Research in Mathematics Education, 1997, 28(3).

[30]COBB P, MCCLAIN K, DE SILVA LAMBERG T, et al. Situating teachers' instructional practices in the institutional setting of the school and district[J]. Educational Researcher, 2003, 32(6).

[31]COBB P, SMITH T. The challenge of scale: designing schools and districts as learning organizations for instructional improvement in mathematics[M]// KRAINER K, WOOD T. International handbook of mathematics teacher

education. Rotterdam: Sense, 2008.

[32]COBB P, WOOD T, YACKEL E, et al. Characteristics of classroom mathematics traditions: an interactional analysis[J]. American Educational Research Journal, 1992, 29(3).

[33]COBURN C E, RUSSELL J L. District policy and teachers' social networks[J]. Educational Evaluation and Policy Analysis, 2008, 30(3).

[34]COHEN D K, HILL H C. Instructional policy and classroom performance: the mathematics reform in California[J]. Teachers College Record, 2000, 102(2).

[35]COHEN D K, RAUDENBUSH S W, BALL D L. Resources, instruction, and research[J]. Educational Evaluation and Policy Analysis, 2003, 25(2).

[36]COLBY G T, SCHMIDT R, WILSON J. Designing learning organizations for instructional improvement in mathematics: an overview of the student achievement data analysis strategy[R]. IES Research Conference National Harbor, 2010.

[37]COLEMAN J S, CAMPBEL E Q, HOBSON C J, et al. Equality of educational opportunity [M]. Washington, D. C.: Government Printing Office, 1966.

[38]COLEMAN J S. Equality and achievement in education[M]. New York: Routledge, 1990.

[39]Congressional Budget Office. Trends in educational achievement[R]. Washington, D. C.: Congressional Budget Office, 1986.

[40]CORRENTI R. An empirical investigation of professional development effects on literacy instruction using daily logs[J]. Educational Evaluation and Policy Analysis, 2007, 29(4).

[41]CUI Y, LEIGHTON J P, GIERL M J, et al. A person-fit statistic for the attribute hierarchy method: the hierarchy consistency index[R]. San Francisco: The annual meeting of the National Council on Measurement in Education, 2006.

[42]DARLING-HAMMOND L. Teacher quality and student achievement: A review of state policy evidence [J]. Education Policy Analysis Archives, 2000, 8(1).

[43] DARING-HAMMOND L. Thoughts on teacher preparation[R]. 2008. [2020-12-24]. http：//www. edutopia. org/linda-darling-hammond-teacher-preparation#graph8.

[44]DECKER P T，MAYER D P，Glazerman S. The effects of teach for America on students：findings from a national evaluation[R]. Madison，WI：Institute for Research on Poverty，2004.

[45]DOGAN E，TATSUOKA K. An international comparison using a diagnostic testing model：Turkish students' profile of mathematical skills on TIMSS-R[J]. Educational Studies in Mathematics，2008，68(3).

[46] DOYLE W. Academic work[J]. Review of Educational Research，1983，53(2).

[47]DUNKIN M，BIDDLE B. The study of teaching[M]. New York：Holt，Rhinehart & Winston，1974.

[48]EMBRETSON S E. A cognitive design system approach to generating valid tests：Application to abstract reasoning[J]. Psychological Methods，1998，3(3).

[49]EMBRETSON S E，REISE P S. Item response theory for psychologists[M]. London：Lawrence Erlbaum Associates，2000.

[50]FAUGIER J，SARGEANT M. Sampling hard to reach populations[J]. Journal of Advanced Nursing，1997，26(4).

[51]FENNEMA E，FRANKE M L. Teachers' knowledge and its impact [M]// GROUWS D A. Handbook of research on mathematics teaching and learning. London：Macmillan Publishing Company，1992.

[52]FRANKE M L，KAZEMI E，BATTEY D. Mathematics teaching and classroom practice[M]//LESTER F K. Second handbook of research on mathematics teaching and learning. Charlotte：Information Age Publishing，2007.

[53]FREDERICK K S LEUNG，PARK K，YOSHINORI SHIMIZU，BINYAN X. Mathematica teacher education in east Asian countries[C]// CHO S J. The Proceedings of the 12th International Congress on Mathematical Education. Springer International Publishing，2015.

[54]FROME P，LASATER B，COONEY S. Well-qualified teachers and high-quality teaching [M]. Atlanta，GA：Southern Regional Education Board，2005.

[55]GAGE N L, NEEDELS M C. Process-product research on teaching: a review of criticisms[J]. The Elementary School Journal, 1989, 89(3).

[56]GARTON B L, SPAIN J M, LAMBERSON W R, et al. Learning styles, teaching performance and student achievement: a relational study[J]. Journal of Agricultural Education, 1999, 40(3).

[57]GIERL M J, CUI Y, HUNKA S. Using connectionist models to evaluate examinees' response pattern on tests: an application of the attribute hierarchy method to assessment engineering [R]. Chicago: The Annual Meeting of the National Council on Measurement in Education, 2007.

[58]GIERL M J, CUI Y, ZHOU J W. Reliability and attribute-based scoring in cognitive diagnostic assessment[J]. Journal of Educational Measurement, 2009, 46(3).

[59]GIERL M J, LEIGHTON J P, HUNKA S M. An NCME instructional module on exploring the logic of Tatsuoka's rule-space model for test development and analysis[J]. Educational Measurement: Issues and Practice, 2005, 19(3).

[60]GIERL M J, WANG C, ZHOU J. Using the attribute hierarchy method to make diagnostic inferences about examinees' cognitive skills in Algebra on the SAT [J]. Journal of Technology, Learning, and Assessment, 2008, 6(6).

[61]GOE L. The link between teacher quality and student outcomes: a research synthesis[M]. Washington, D. C. : National Comprehensive Center for Teacher Quality, 2007.

[62]GOOD T L, GROUWS D A, EBMEIER H. Active mathematics teaching[M]. New York: Longman, 1983.

[63]GRABER C R. Factors that are predictive of student achievement outcomes and an analysis of these factors in high-poverty schools versus low-poverty schools [M]. Ann Arbor, MI: ProQuest Dissertations Publishing, 2009.

[64]GROVES S, DOIG B. Progressive discourse in mathematics classes-the task of the teacher[C]//Proceedings of the 28th Conference of the International Group for the Psychology of Mathematics Education, July 14-18, 2004, Bergen, Norway. Bergen: International Group for the Psychology of Mathematics Education, 2004.

[65] GUARINO C M, HAMILTON L S, LOCKWOOD J R, et al. Teacher qualifications, instructional practices, and reading and mathematics gains of kindergartners[R]. Washington, D. C. : U. S. Department of Education, National Center for Education Statistics, 2006.

[66] HANUSHEK E A. Education production functions[M]// Carnoy M. International encyclopaedia of the economics of education. New York: Pergamon, 2007.

[67] HANUSHEK E A. The economics of schooling: production and efficiency in public schools[J]. Journal of Economic Literature, 1986, 24(3).

[68] HANUSHEK E A. The impact of differential expenditures on school performance[J]. Educational Researcher, 1989, 18(4).

[69] HATTIE J, TIMPERLEY H. The power of feedback[J]. Review of Educational Research, 2007, 77(1).

[70] HAU K T, MARSH H W. The use of item parcels in structural equation modelling: non-normal data and small sample sizes[J]. British Journal of Mathematical and Statistical Psychology, 2004, 57(2).

[71] HENNINGSEN M, STEIN M K. Mathematical tasks and student cognition: Classroom-based factors that support and inhibit high-level mathematical thinking and reasoning[J]. Journal for Research in Mathematics Education, 1997, 28(5).

[72] HENSON R A, TEMPLIN J L, WILLSE J T. Defining a family of cognitive diagnosis models using log-linear models with latent variables[J]. Psychometrika, 2009, 74(2).

[73] HIEBERT J, GALLIMORE R, GARNIER H, et al. Teaching mathematics in seven countries: results from the TIMSS 1999 video study [M]. Washington, D. C. : National Centre for Education Statistics, 2003.

[74] HIEBERT J, GROUWS D A. The effects of classroom mathematics teaching on students' learning[J]. Second Handbook of Research on Mathematics Education, 2007: 371-404.

[75] HIEBERT J, WEARNE D. Instructional tasks, classroom discourse, and students' learning in second-grade arithmetic[J]. American Educational Research Journal, 1993, 30(2).

[76] HILL H C, ROWAN B, BALL D L. Effects of teachers' mathematical

knowledge for teaching on student achievement[J]. American Educational Research Journal, 2005, 42(2).

[77]HILL H C, SCHILLING S G, BALL D L. Developing measures of teachers' mathematics knowledge for teaching[J]. The Elementary School Journal, 2004, 105(1).

[78] HOGAN D P. The effects of demographic factors, family background, and early job achievement on age at marriage[J]. Demography, 1978, 15(2).

[79] HOX J. Applied multilevel analysis[M]. Amsterdam: TT-Publikaties, 1995.

[80]HUANG M H. Effects of Cram Schools on Children's Mathematics Learning [M]// FAN L H, WONG N Y, CAI J F, et al. How Chinese learn mathematics, series on mathematics education: volume 1. Singapore: World Scientific, 2004.

[81]HUFF K, GOODMAN D P. The demand for cognitive diagnostic assessment [M]//LEIGHTON J, GIERL M. Cognitive diagnostic assessment for education. Cambridge: Cambridge University Press, 2007.

[82] JACOB B A, LEFGREN L. The impact of teacher training on student achievement: quasi-experimental evidence from school reform efforts in Chicago[J]. The Journal of Human Resources, 2004, 39(1).

[83]JUNKER B W, WEISBERG Y, CLARE M L, CROSSON A C, et al. Overview of the instructional quality assessment[R]. Los Angeles: National Center for Research on Evaluation, Standards, and Student Testing, 2006.

[84]KANE T J, ROCKOFF J E, STAIGER D O. What does certification tell us about teacher effectiveness? Evidence from New York City[J]. Economics of Education Review, 2008, 27(6).

[85] KANE T, STAIGER D. Estimating teacher impacts on student achievement: an experimental evaluation [R]. Cambridge, MA: National Bureau of Economic Research, 2008.

[86]KILPATRICK J. Problem solving in mathematics[J]. Review of Educational Research, 1969, 39(4).

[87]KIMBALL S M, WHITE B, MILANOWSKI A T, et al. Examining the

relationship between teacher evaluation and student assessment results in Washoe county[J]. Peabody Journal of Education，2004，79(4).

[88]KLEINE M，JORDAN A，HARVEY E. With a focus on "Grundvorstellungen" Part 1：a theoretical integration into current concepts[J]. ZDM，2005a，37(3).

[89]KLEINE M，JORDAN A，HARVEY E. With a focus on "Grundvorstellungen" Part 2："Grundvorstellungen" as a theoretical and empirical criterion[J]. ZDM，2005b，37(3).

[90]KLINE R B. Principles and practice of structural equation modeling[M]. New York：Guilford Press，2005.

[91]KOEHLER M，GROUWS D A. Mathematics teaching practices and their effects [M]//GROUWS D A. Handbook of research on mathematics teaching and learning. London：Macmillan Publishing Company，1992.

[92]KONSTANTOPOULOS S，CHUNG V. The persistence of teacher effects in elementary grades[J]. American Educational Research Journal，2011，48(2).

[93]KONSTANTOPOULOS S. How long do teacher effects persist? [R]. IZA Discussion Paper No. 2893，2007.

[94]KONSTANTOPOULOS S，SUN M. Is the persistence of teacher effects in early grades larger for lower-performing students? [J]. American Journal of Education，2012，118(3).

[95]KRIEG J M. Student gender and teacher gender：what is the impact on high stakes test scores? [J]. Current Issues in Education，2005，8(9).

[96]KUTNER H M，NACHTSHEIM J C，NETER J. Applied linear regression models[M]. 4th ed. Beijing：Higher Education Press，2005.

[97]LANE S L，STONE C A. Performance assessment[M]//BRENNAN R L. Educational measurement. Lanham，MD：Rowman & Littlefield Publishers，2006.

[98]LAVY V. What makes an effective teacher? quasi-experimental evidence[J]. CESifo Economic Studies，2016，62(1).

[99]LAWSHE C H. A quantitative approach to content validity[J]. Personnel Psychology，1975，28(4).

[100]LEIGHTON J P，GIERL M J，HUNKA S M. The attribute hierar-

chy method for cognitive assessment: A variation on tatsuoka's rule-space approach[J]. Journal of Educational Measurement, 2004, 41(3).

[101]LEINHARDT G, STEELE M D. Seeing the complexity of standing to the side: Instructional dialogues [J]. Cognition and Instruction, 2005, 23(1).

[102]LEUNG F K S. The mathematics classroom in Beijing, Hong Kong and London [J]. Educational Studies in Mathematics, 1995, 29(4).

[103]LIPOWSKY F, RAKOCZY K, PAULI C, et al. Quality of geometry instruction and its short-term impact on students' understanding of the Pythagorean Theorem [J]. Learning and Instruction, 2009, 19(6).

[104] LOCKWOOD J R, MCCAFFREY D F, HAMILTON L S, et al. The sensitivity of value-added teacher effect estimates to different mathematics achievement measures[J]. Journal of Educational Measurement, 2007, 44(1).

[105]LORD F M. Applications of item response theory to practical testing problems [M]. 1st ed. New York: Routledge, 1980.

[106]LUKE D A. Multilevel modeling[M]. California: SAGE Publications, 2004.

[107] MA X, MA L, BRADLEY D K. Using multilevel modeling to investigate school effects [M]//O'CONNELL A A, MCCOACH B D. Multilevel Modeling of Educational Data. Charlotte, NC: Information Age, 2008.

[108]MACOACH D B, BLACK A C. Evaluation of model fit and adequacy[M]// O'CONNELL A A, MCCOACH B D. Multilevel modeling of educational data. Charlotte, NC: Information Age, 2008.

[109] MAMONA-DOWNS J, DOWNS M L N. Advanced mathematical thinking and the role of mathematical structure [M]//ENGLISH L D. Handbook of international research in mathematics education. New York: Routledge, 2008.

[110]MAO L. Evidence on the effectiveness of automated writing evaluation in middle school writing classes[R]. Michigan: Michigan State University, 2010.

[111]MARCOULIDES G A, HECK R H, PAPANASTASIOU C. Student perceptions of school culture and achievement: testing the invariance of a model[J].

International Journal of Educational Management, 2005, 19(2).

[112]MARKS H M, LOUIS K S. Does teacher empowerment affect the classroom? the implications of teacher empowerment for instructional practice and student academic performance[J]. Educational Evaluation and Policy Analysis, 1997, 19(3).

[113]MARSH H W. The use of path analysis to estimate teacher and course effects in student ratings of instructional effectiveness[J]. Applied Psychological Measurement, 1982, 6(1).

[114]MATSUMURA L, SLATER S C, JUNKER B W, et al. Measuring reading comprehension and mathematics instruction in urban middle schools: a pilot study of the instructional quality assessment[R]. Los Angeles, CA: National Center for Research on Evaluation, Standards and Student Testing (CRESST), 2006.

[115]MCCAFFREY D F, LOCKWOOD J R, KORETZ D, et al. Let's see more empirical studies on value-added modeling of teacher effects: a reply to raudenbush, Rubin, Stuart and zanutto, and reckase[J]. Journal of Educational and Behavioral Statistics, 2004a, 29(1).

[116]MCCAFFREY D F, LOCKWOOD J R, KORETZ D, et al. Models for value-added modeling of teacher effects[J]. Journal of Educational and Behavioral Statistics, 2004b, 29(1).

[117]MCCAFFREY D F, SASS T R, LOCKWOOD J R, et al. The intertemporal variability of teacher effect estimates[J]. Education Finance and Policy, 2009, 4(4).

[118]MCDONALD F J. The effects of teaching performance on pupil learning[J]. Journal of Teacher Education, 1976, 27(4).

[119]MCLEAN R A, SANDERS W L, STROUP W W. A unified approach to mixed linear models[J]. The American Statistician, 1991, 45(1).

[120]MEDLEY D M, MITZEl H E. Measuring classroom behavior by systematic observation [M]//GAGE N L. Handbook of research on teaching. Chicago: Rand Mcnally, 1963.

[121]MEYER R H. Value-added indicators of school performance: A primer[J]. Economics of Education Review, 1997, 16(3).

[122]MISLEVY R J. Cognitive psychology and educational assessment[M]//BRENNAN R L. Educational measurement. Lanham, MD: Rowman & Littlefield

Publishers，2006.

[123]MONK D H. Subject area preparation of secondary mathematics and science teachers and student achievement[J]. Economics of Education Review，1994，13(2).

[124]MONK D H，WALBERG H J，WANG M C. Improving educational productivity[M]. New York：Information Age Publishing，2001.

[125]MONTGOMERY D C. Design and analysis of experiments[M]. 6th ed. Beijing：People's Posts and Telecommunications Press，2007.

[126]MULLENS J E，MURNANE R J，WILLETT J B. The contribution of training and subject matter knowledge to teaching effectiveness：A multilevel analysis of longitudinal evidence from Belize[J]. Comparative Education Review，1996，40(2).

[127]MURAKI E. A generalized partial credit model：Application of an EM algorithm[J]. Applied Psychological Measurement，1992，16(2).

[128]MURRAY D M，SHORT B J. Intraclass correlation among measures related to tobacco use by adolescents：Estimates，correlates，and applications in intervention studies[J]. Addictive Behaviors，1997，22(1).

[129]NEEDELS M C. A new design for process-product research on the quality of discourse in teaching[J]. American Educational Research Journal，1988，25(4).

[130] NEWTON X A，DARLING-HAMMOND L，HAERTEL E，et al. Value-added modeling of teacher effectiveness：An exploration of stability across models and contexts[J]. Education Policy Analysis Archives，2010，18(23).

[131] NYE B，KONSTANTOPOULOS S，HEDGES L V. How large are teacher effects? [J]. Educational Evaluation and Policy Analysis，2004，26(3).

[132]O'CONNELL A A，MCCOACH B D. Multilevel modeling of educational data charlotte[M]. Charlotte，NC：Information Age，2008.

[133]OKAMOTO N，KURODA Y，CHANCE B，et al. Measurement of brain activation difference during different mathematical tasks by near infrared spectroscopy [M]//BRUCE J T，ARJUN G. Y，MAMORU T，et al. Proceedings of SPIE - The International Society for Optical Engineering 7174. Bellingham WA：SPIE，2009.

[134]OLSON J F，MARTIN M O，MULLIS I V S. TIMSS 2007 techni-

cal report [R]. Boston：TIMSS & PIRLS International Study Center，2008.

[135]PAGE D P. Theory and practice of teaching or the motives and methods of good school-keeping ［M］.New York：A. S. Barnes & Company，1885.

[136]PALARDY G，RUMBERGER R. Teacher effectiveness in the first grade：The importance of background qualifications，attitudes and instructional practices for student learning[J]. Educational Evaluation and Policy Analysis，2008，30(2).

[137]PHILIPP R A. Mathematics teachers' beliefs and affect[M]//LESTER F K. Second handbook of research on mathematics teaching and learning. Charlotte，NC：Information Age Publishing，2007.

[138]POLANYI M，NYE M J. Personal knowledge：towards a post-critical philosophy[M]. Chicago：The University of Chicago Press，2015.

[139]PRITCHETT L，FILMER D. What education production functions really show：A positive theory of education expenditures[J]. Economics of Education Review，1999，18(2).

[140]RAUDENBUSH S W，BRYK A S. A hierarchical model of studying school effects [J]. Sociology of Education，1986，59(1).

[141]RAUDENBUSH S W，BRYK A S. Hierarchical linear models：Applications and data analysis methods[M]. 2nd ed. Newbury Park，CA：Sage Publications，2002.

[142]RAUDENBUSH S W. What are value-added models estimating and what does this imply for statistical practice? ［J］.Journal of Educational and Behavioral Statistics，2004，29(1).

[143]RAUDENBUSH S W，WILLMS J. The estimation of school effects[J]. Journal of Educational and Behavioral Statistics，1995，20(4).

[144]RIVKIN S G，HANUSHEK E A，KAIN J F. Teachers，schools，and academic achievement[J]. Econometrica，2005，73(2).

[145]ROBERT J K，MONACO J P. Effect size measures for the two-level linear multilevel model[R]. San Francisco：The annual meeting of the American Educational Research Association，2006.

[146]ROJANO T. Mathematics learning in the middle school/junior secondary school [M]//ENGLISH L D，KIRSHNER D. Handbook of international research in

mathematics education. New York: Routledge, 2008.

[147] ROTHSTEIN J. Teacher quality in educational production: Tracking, decay, and student achievement[J]. The Quarterly Journal of Economics, 2010, 125(1).

[148] ROWAN B, CHIANG F S, MILLER R J. Using research on employees' performance to study the effects of teachers on students' achievement[J]. Sociology of Education, 1997, 70(4).

[149] ROWAN B, CORRENTI R, MILLER R J. What large-scale, survey research tells us about teacher effects on student achievement: Insights from the prospects study of elementary schools[J]. Teachers College Record, 2002, 104(8).

[150] RUBIN D B, STUART E A, ZANUTTO E L. A potential outcomes view of value-added assessment in education[J]. Journal of Educational and Behavioral Statistics, 2004, 29(1).

[151] SANDERS S L, SKONIE-HARDIN S D, PHELPS W H, et al. The effects of teacher educational attainment on student educational attainment in four regions of Virginia: Implications for administrators[R]. Nashville, Tennessee: The annual meeting of the Mid-south Educational Research Association, 1994.

[152] SANDERS W L, HORN S P. Research findings from the Tennessee value-added assessment system (TVAAS) database: Implications for educational evaluation and research[J]. Journal of Personnel Evaluation in Education, 1998, 12(3).

[153] SANDERS W L, HORN S P. The Tennessee value-added assessment system (TVAAS): Mixed-model methodology in educational assessment[J]. Journal of Personnel Evaluation in Education, 1994, 8(3).

[154] SANDERS W L. Value-added assessment[J]. The School Administrator, 1998, 55(11).

[155] SANDERS W L, WRIGHT S P, HORN S P. Teacher and classroom context effects on student achievement: Implications for teacher evaluation[J]. Journal of Personnel Evaluation in Education, 1997, 11(1).

[156] SCHACTER J, THUM Y M. Paying for high-and low-quality teaching[J]. Economics of Education Review, 2004, 23(4).

[157]SCHEERENS J, BOSKER R. The foundations of educational effectiveness[M]. New York: Pergamon, 1997.

[158]SCOTT J, MARSHALL G. A dictionary of sociology[M]. Oxford: Oxford University Press, 2009.

[159]SHAVELSON R J, WEBB N M, BURSTEIN L. Measurement of teaching[M]// WITTROCK M C. Handbook of research on teaching. New York: Macmillan, 1986.

[160] SHAYER M, ADHAMI M. Fostering cognitive development through the context of mathematics: Results of the CAME project[J]. Educational Studies in Mathematics, 2007, 64(3).

[161]SHEEHAN K M. A tree-based approach to proficiency scaling and diagnostic assessment[J]. Journal of Educational Measurement, 1997, 34(4).

[162] SHULMAN L S. Those who understand: Knowledge growth in teaching[J]. Educational Researcher, 1986, 15(2).

[163]SILVER E A, STEIN M K. The quasar project: the "revolution of the possible" in mathematics instructional reform in urban middle schools[J]. Urban Education, 1996, 30(4).

[164]SMITH L R. Aspects of teacher discourse and student achievement in mathematics[J]. Journal for Research in Mathematics Education, 1977, 8(3).

[165] STEIN M K, ENGLE R A, SMITH M S, et al. Orchestrating productive mathematical discussions: Five practices for helping teachers move beyond show and tell[J]. Mathematical Thinking and Learning, 2008, 10(4).

[166]STEIN M K, GROVER B W, HENNINGSEN M. Building student capacity for mathematical thinking and reasoning: an analysis of mathematical tasks used in reform classrooms[J]. American Educational Research Journal, 1996, 33(2).

[167]STEIN M K, KIM G. The role of mathematics curriculum in large-scale urban reform: an analysis of demands and opportunities for teacher learning[R]. San Francisco: The annual meeting of the American Educational Research Association, 2006.

[168] STIGLER J W, HIEBERT J. The teaching gap[M]. Cambridge: The Free Press, 1999.

[169]STRAUSS R P，SAWYER E A. Some new evidence on teacher and student competencies[J]. Economics of Education Review，1986，5(1).

[170]STRONGE J H，WARD T J，GRANT L W. What makes good teachers good? A cross-case analysis of the connection between teacher effectiveness and student achievement[J]. Journal of Teacher Education，2011，62(4).

[171]TATSUOKA K K. Cognitive assessment：an introduction to the rule space method[M]. New York：Routledge，2009.

[172]TATSUOKA K K. Rule space：An approach for dealing with misconceptions based on item response theory[J]. Journal of Educational Measurement，1983，20(4).

[173]TATSUOKA K K，CORTER J E，TATSUOKA C. Patterns of diagnosed mathematical content and process skills in TIMSS-R across a sample of 20 countries[J]. American Educational Research Journal，2004，41(4).

[174]TEKWE C D，CARTER R L，MA C X，et al. An empirical comparison of statistical models for value-added assessment of school performance[J]. Journal of Educational and Behavioral Statistics，2004，29(1).

[175]THOMPSON A G. The relationship of teachers' conceptions of mathematics and mathematics teaching to instructional practice[J]. Educational Studies in Mathematics，1984，15(2).

[176]TOLLEY H，DAY C，SAMMONS P，et al. A review of the literature relating to selected aspects of the effective classroom practice project[R]. Nottingham：The University of Nottingham，2008.

[177]TORREGROSA G，QUESADA H. The coordination of cognitive processes in solving geometric problems requiring formal proof[M]//Figueras O，Sepúlveda A. Proceedings of the joint meeting of the 32nd conference of the international group for the psychology of mathematics education. Morelia，Mexico：PME，2008.

[178]TURNER J C，MEYER D K，MIDGLEY C，et al. Teacher discourse and sixth graders' reported affect and achievement behaviors in two high-mastery/high-performance mathematics classrooms[J]. The Elementary School Journal，2003，103(4).

[179]TYLER W R. Basic principles of curriculum and instruction[M].

Chicago: University of Chicago Press, 1949.

[180]VAUGHN S, FUCHS L S. Redefining learning disabilities as inadequate response to instruction: The promise and potential problems[J]. Learning Disabilities Research & Practice, 2003, 18(3).

[181]WANG L D, LI X Q, LI N. Socio-economic status and mathematics achievement in China: A review[J]. ZDM, 2014, 46(7).

[182]WANG L D, GUO K. Shadow education of mathematics in China[M]// CAO Y, LEUNG F K S. The 21st century mathematics education in China. Beijing: Springer, 2017.

[183]WANG M C, HAERTEL G D, WALBERG H J. Toward a knowledge base for school learning[J]. Review of Educational Research, 1993, 63(3).

[184]WAYNE A J, YOUNGS P. Teacher characteristics and student achievement gains: a review[J]. Review of Educational Research, 2003, 73(1).

[185]WEBB N M. Group composition, group interaction, and achievement in cooperative small groups [J]. Journal of Educational Psychology, 1982, 74(4).

[186]WINDSCHITL M. Framing constructivism in practice as the negotiation of dilemmas: An analysis of the conceptual, pedagogical, cultural, and political challenges facing teachers[J]. Review of Educational Research, 2002, 72(2).

[187]WITTROCK M C. Students' thought process[M]//WITTROCK M C. Handbook of research on teaching. New York: Macmillan, 1986.

[188]WOOD D. Aspects of teaching and learning[M]//RICHARDS M, LIGHT D. Children of social worlds. Cambridge: Polity Press, 1986.

[189]WOOD T, WILLIAMS G, MCNEAL B. Children's mathematical thinking in different classroom cultures[J]. Journal for Research in Mathematics Education, 2006, 37(3).

[190]WRIGHT, SEWALL S. Correlation and causation[J]. Journal of Agricultural Research, 1921, 20.

[191]XIN T, XU Z Y, TATSUOKA K. Linkage between teacher quality, student achievement, and cognitive skills: A rule-space model[J]. Studies in Educational Evaluation, 2004, 30(3).

[192]ZAKHAROV A, TSHEKO G, CARNOY M. Do "better" teachers and classroom resources improve student achievement? A causal comparative

approach in Kenya，South Africa，and Swaziland[J]. International Journal of Educational Development，2016.

[193]ZHOU W，LEHRER R. IRT modeling of students' theory of linear measurement[R]. Denver：Annual Conference of American Education Research Association，2010.

[194]ZWICK R，GREEN J G. New perspectives on the correlation of SAT scores，high school grades，and socioeconomic factors[J]. Journal of Educational Measurement，2007，44(1).

[195]鲍建生. 中英初中数学课程综合难度的比较研究[M]. 南宁：广西教育出版社，2009.

[196]蔡金法. 中美学生数学学习的系列实证研究——他山之石，何以攻玉[M]. 北京：教育科学出版社，2007.

[197]蔡艳，涂冬波，丁树良. 认知诊断测验编制的理论及方法[J]. 考试研究，2010(3).

[198]曹一鸣，贺晨. 初中数学课堂师生互动行为主体类型研究：基于LPS项目课堂录像资料[J]. 数学教育学报，2009(5).

[199]曹一鸣. 数学教学模式的重构与超越[D]. 南京：南京师范大学，2003.

[200]陈芸. 教学中的班主任效应[J]. 杭州教育学院学报(自然科学版)，1996(2).

[201]戴海崎，张青华. 规则空间模型在描述统计学习模式识别中的应用研究[J]. 心理科学，2004(4).

[202]丁树良，祝玉芳，林海菁，等. Tatsuoka $Q$ 矩阵理论的修正[J]. 心理学报，2009，41(2).

[203]丁延庆，薛海平. 从效率视角对我国基础教育阶段公办学校分层的审视：基于对昆明市公办高中的教育生产函数研究[J]. 北京大学教育评论，2009，7(4).

[204]段兆兵，李定仁. 我国基础教育课程目标多样化研究[J]. 教育研究，2006(6).

[205]范良火，等. 华人如何学习数学[M]. 南京：江苏教育出版社，2005.

[206]高惠璇. 实用统计方法与 SAS 系统[M]. 北京：北京大学出版社，2001.

[207]高文君.中学数学课堂探究水平的构建与实证研究[D].上海：华东师范大学，2011.

[208]郭衎，曹一鸣.教师数学教学知识对初中生数学学业成就的影响[J].教育研究与实验，2017(6).

[209]郭衎，曹一鸣，王立东.教师信息技术使用对学生数学学业成绩的影响：基于三个学区初中教师的跟踪研究[J].教育研究，2015，36(1).

[210]胡咏梅，杜育红.中国西部农村小学教育生产函数的实证研究[J].教育研究，2009，30(7).

[211]黄慧静，辛涛.教师课堂教学行为对学生学业成绩的影响：一个跨文化研究[J].心理发展与教育，2007，23(4).

[212]黄荣金，李业平.数学课堂教学研究[M].上海：上海教育出版社，2010.

[213]黄翔.对国家数学课程标准中"联系与综合"目标的认识[J].学科教育，2001(1).

[214]康玥媛，曹一鸣.中英美小学和初中数学课程标准中内容分布的比较研究[J].课程·教材·教法，2013，33(4).

[215]课程教材研究所、中学数学课程教材研究开发中心.义务教育课程标准实验教科书 数学 七年级上册[M].北京：人民教育出版社，2007.

[216]课程教材研究所、中学数学课程教材研究开发中心.义务教育课程标准实验教科书 数学 七年级下册[M].北京：人民教育出版社，2007.

[217]李峰，余娜，辛涛.小学四、五年级数学诊断性测验的编制：基于规则空间模型的方法[J].心理发展与教育，2009，25(3).

[218]李琼，倪玉菁，萧宁波.小学数学教师的学科教学知识：表现特点及其关系的研究[J].教育学报，2006(4).

[219]林崇德，申继亮，辛涛.教师素质的构成及其培养途径[J].中国教育学刊，1996(6).

[220]刘晓婷，郭衎，曹一鸣.教师数学教学知识对小学生数学学业成绩的影响[J].教师教育研究，2016，28(4).

[221]卢谢峰，韩立敏.区分性教师效能的结构、功能和局限性[J].外国教育研究，2006，33(3).

[222]卢谢峰.教师效能的测评结构、人格因素及作用机制[D].北京：北京师范大学，2006.

[223]马云鹏，孔凡哲，张春莉.数学教育测量与评价[M].北京：北京

师范大学出版社，2009.

[224]钱志亮．特殊需要儿童咨询与教育[M]．北京：北京师范大学出版社，2006.

[225]全美数学教师理事会．美国学校数学教育的原则和标准[M]．蔡金法等，译．北京：人民教育出版社，2004.

[226]任子朝，孔凡哲．数学教育评价新论[M]．北京：北京师范大学出版社，2010.

[227]孙佳楠，张淑梅，辛涛，等．基于 $Q$ 矩阵和广义距离的认知诊断方法[J]．心理学报，2011，43(9).

[228]王策三．教学论稿[M]．北京：人民教育出版社，1985.

[229]王俊山．中小学班主任的情感素质研究[D]．上海：上海师范大学，2011.

[230]王立东，曹一鸣．教师对学生数学学业成就的影响研究述评[J]．数学教育学报，2014(3).

[231]王立东，王西辞，曹一鸣．数学课堂教学中的学生评价研究——基于两位教师课堂录像的编码分析[J]．数学教育学报，2011，20(5).

[232]王立东．有关数学课堂教学中学生评价活动的案例研究：基于线性不等式文字题教学的 LPS(北京)录像资料[D]．北京：北京师范大学，2009.

[233]谢敏，辛涛，李大伟．教师资格和职业发展因素对学生数学成绩的影响：一个跨文化比较[J]．心理与行为研究，2008(2).

[234]辛涛，焦丽亚．测量理论的新进展：规则空间模型[J]．华东师范大学学报(教育科学版)，2006(3).

[235]薛海平，王蓉．教育生产函数与义务教育公平[J]．教育研究，2010(1).

[236]杨淑群，蔡声镇，丁树良，等．求解简化 $Q$ 矩阵的扩张算法[J]．兰州大学学报(自然科学版)，2008(3).

[237]喻平．中学生自我监控能力和 CPFS 结构对数学学业成绩的影响[J]．数学教育学报，2004(1).

[238]张奠宙，宋乃庆．数学教育概论[M]．北京：高等教育出版社，2004.

[239]张奠宙，郑振初．"四基"数学模块教学的构建——兼谈数学思想方法的教学[J]．数学教育学报，2011，20(5).

[240]张雷，雷雳，郭伯良．多层线性模型应用[M]．北京：教育科学出

版社，2003.

[241]张文静．教师变量对小学四年级数学成绩的影响：一个增值性研究[D]．北京：北京师范大学，2009.

[242]张文静，辛涛，康春花．教师变量对小学四年级数学成绩的影响：一个增值性研究[J]．教育学报，2010(2).

[243]中华人民共和国教育部．全日制义务教育数学课程标准(实验稿)[S]．北京：北京师范大学出版社，2001.

[244]中华人民共和国教育部．义务教育数学课程标准(2011年版)[S]．北京：北京师范大学出版社，2011.

[245]周超．八年级学生数学认知水平的检测与相关分析[D]．上海：华东师范大学，2009.

[246]朱金鑫，张淑梅，辛涛．属性掌握概率分类模型：一种基于 $Q$ 矩阵的认知诊断模型[J]．北京师范大学学报(自然科学版)，2009(2).

[247]左志宏，邓赐平，李其维．两种类型数学困难儿童的执行水平[J]．心理科学，2008，31(1).

# 附录1　学生数学学业成就测试
# 样本选取的统计功效计算结果

在 160 个水平 2 下，使用 Optimal Design 软件计算统计功效，获得下图。

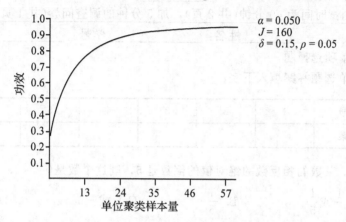

在 0.05 的 ICC（Colby，Schmidt，Wilson，2010；Murray，Short，1997），0.05 的显著性水平和 0.15 的影响效能（Colby，Schmidt，Wilson，2010）的假设下，每名教师每份试卷 16 名学生再加上协变量的"增效"作用（Bloom，Richburg-Hayes，Black，2007）都可以保证在 0.8 以上的统计功效。

# 附录2　学生数学学业成就测试卷

卷Ⅰ(代数)

测试时间为40分钟(共2页)，加5分钟的调查问卷(共1页)

班级：_____　姓名：_____　学号：_____

一、单项选择题

请将单选题答案填入下表：

| 题号 | 1 | 2 | 3 | 4 | 5 | 6 |
|------|---|---|---|---|---|---|
| 答案 |   |   |   |   |   |   |

($I_2$)1. 某数的相反数的绝对值的倒数是5，则这个数是(　　).

A. $-\dfrac{1}{5}$ 或 $\dfrac{1}{5}$　　　　B. $\dfrac{1}{5}$　　　　C. 5 或 $-5$　　　　D. $-5$

($I_6$)2. 下列运算正确的是(　　).

A. $x+y=xy$　　　　　　　　　　B. $5x^2y-4x^2y=x^2y$

C. $x^2+x^3=x^5$　　　　　　　　　D. $5x^3-2x^3=3$

($I_1$)3. 下列有关有理数的说法中正确的组合是(　　).

①有最小的有理数；

②没有最小的有理数；

③负分数一定是有理数；

④带分数不是有理数；

⑤数轴上离开原点2个单位长度的点表示的数是2；

⑥有的有理数不能用数轴表示.

A. ①③⑥　　　　　　　　　　　B. ②③⑤

C. ②③　　　　　　　　　　　　D. ②⑤

($I_8$)4. 若关于 $x$，$y$ 的二元一次方程组 $\begin{cases} x+y=5k \\ x-y=9k \end{cases}$ 的解也是二元一次方

程 $2x+3y=6$ 的解，则实数 $k$ 的值为(　　).

A. $-\dfrac{3}{4}$　　　　　B. $\dfrac{3}{4}$　　　　C. $\dfrac{4}{3}$　　　　D. $-\dfrac{4}{3}$

($I_{11}$)5. 已知 $|x-y|=y-x$，$|x|=4$，$y=3$，则 $(x+y^2)^3=($　　).

A. 125

B. 125 或 $-125$

C. 2197

D. 2197 或 $-2197$

($I_5$)6. 请通过代入具体的数值计算，推测代数式 $\dfrac{a+b}{2}$ 与 $\dfrac{2}{\frac{1}{a}+\frac{1}{b}}$（$a>0$，$b>$

0)的大小关系(　　).

A. $\dfrac{a+b}{2}\leqslant\dfrac{2}{\frac{1}{a}+\frac{1}{b}}$

B. $\dfrac{a+b}{2}\geqslant\dfrac{2}{\frac{1}{a}+\frac{1}{b}}$

C. $\dfrac{a+b}{2}=\dfrac{2}{\frac{1}{a}+\frac{1}{b}}$

D. $\dfrac{a+b}{2}<\dfrac{2}{\frac{1}{a}+\frac{1}{b}}$

二、填空题

($I_3$)7. $(2^2)^3=$_____.

($I_9$)8. 计算：$|-1|\times(-2\,011)^1=$_____.

三、计算题

($I_4$)9. 计算：$3\div1.2^2\times\dfrac{4}{5}-\dfrac{1}{3^3}\times3^2\div(-1)^7$.

($I_7$)10. 解方程：$\dfrac{1-x}{2}=\dfrac{4x-1}{3}-1$.

四、解答题

(1 分 $I_8$，2 分 $I_8$)

11. 某高速公路收费站，在早 8 时，有 80 辆汽车排队等候收费通过．若开放一个收费口，则需 20 分钟才可能让原来排队等候的汽车及这段时间陆续到达的汽车全部收费通过；若同时开放两个收费窗口，则只需 8 分钟就可以让原来排队等候的汽车及这段时间陆续到达的汽车全部收费通过．

假设每个收费口每分钟能够收费通过的车的数量及该收费站每分钟陆续到达的车的数量均保持不变．

试求若开放三个收费口，则需要多长时间可以让原来排队的汽车和这段时间内陆续到达的汽车全部收费通过？

五、附加题

(I₁₀)已知直角三角形的三条边 $a$，$b$，$c$ 满足关系式 $a^2+b^2=c^2$，我们称之为勾股定理.

(1)请写出满足上述条件的一组整数：_____.

(2)如果想快速地，尽可能多地找到满足上述条件的整数，你有什么好办法，写出你的方案.

卷Ⅱ（几何）

测试时间为 40 分钟（共 2 页），加 5 分钟的调查问卷（共 1 页）

班级：_____ 姓名：_____ 学号_____

一、单项选择题

请将单选题答案填入下表：

| 题号 | 1 | 2 | 3 | 4 | 5 |
|------|---|---|---|---|---|
| 答案 |   |   |   |   |   |

1. 下图中不是由平移设计的是（    ）.

A.　　　　　　B.　　　　　　C.　　　　　　D.

2. 如图 1，若把一个平角 $\angle AOB$ 分成三等份，其中 $OE$，$OF$ 分别为 $\angle AOC$，$\angle BOD$ 的角平分线，则 $\angle EOF$ 所成的角的度数为（    ）.

　A. 150°　　　　　　B. 120°　　　　　　C. 90°　　　　　　D. 60°

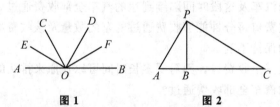

图 1　　　　　　　　　　图 2

3. 如图 2，点 $P$ 为直线 $l$ 外一点，点 $A$，$B$，$C$ 在直线 $l$ 上，且 $PB\perp l$，垂足为点 $B$，$\angle APC=90°$，则下列说法不正确的是（    ）.

A. 线段 $PB$ 的长度叫作点 $P$ 到直线 $l$ 的距离

B. $PA$，$PB$，$PC$ 三条线段中，$PB$ 最短

C. 线段 $AC$ 的长等于点 $P$ 到直线 $l$ 的距离

D. 线段 $PA$ 的长叫作点 $A$ 到直线 $PC$ 的距离

4. 将一副三角板如图 3 放置，使点 $A$ 在 $DE$ 上，$BC /\!/ DE$，则 $\angle AFC =$

（    ）.

　45°　　　　　　　　　B. 50°　　　　　　　C. 60°　　　　　　　D. 75°

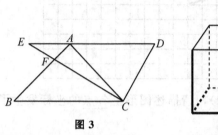

图 3　　　　　　　　　　　　图 4

5. 如图 4，有一个无盖的正方体纸盒，下底面标有字母"M"，沿图中粗线将其剪开展成空间中的平面图形，这个平面图形是（    ）.

A. 　　　　　　　　　　B.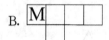

C. 　　　　　　　　　　D.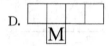

二、填空题

6. $108°18' \div 3$ _____.

7. 锐角三角形最大角的可能的取值范围为 _____.

8. 在 $\triangle ABC$ 中，$BO$，$CO$ 分别平分 $\angle ABC$ 和 $\angle ACB$. 若 $\angle BAC = \alpha$，则 $\angle O =$ _____（用含 $\alpha$ 的式子表示）.

9. 如图 5，$AB /\!/ ED$，$\angle CAB = 135°$，$\angle ACD = 80°$，则 $\angle CDE =$ _____.

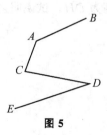

图 5

三、解答与证明题

10. 平移方格中的图形，使点 A 平移到点 A′处，请画出平移后的图形．

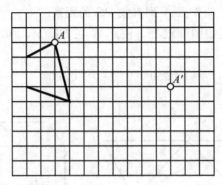

11. 从图 6(1)到图 6(2)，请描述图形上各点的坐标发生了什么样的统一的变化？

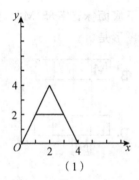 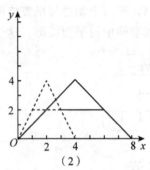

（1）　　　　　　　　　（2）

图 6

各点横坐标的变化：＿＿＿＿＿＿＿＿＿＿＿＿＿．

各点纵坐标的变化：＿＿＿＿＿＿＿＿＿＿＿＿＿．

12. 如图 7，△ABC 中，内角∠BAC、外角∠CBE 和∠BCF 三个角的角平分线角于点 P，AP 交 BC 于点 D．

（1）过点 B 作 BG⊥AP 于点 G，∠GBP＝45°，求证：AC⊥BC.

（2）若△PDC 在 PC 边的高为 DH，试说明∠APB 与∠HDC 的大小关系．

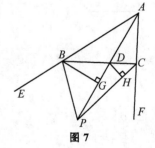

图 7

**答案及评分标准**

卷Ⅰ(代数)

一、单项选择题(每题 1 分)

| 题号 | 1 | 2 | 3 | 4 | 5 | 6 |
|------|---|---|---|---|---|---|
| 答案 | A | B | C | B | A | B |

二、填空题(每题 1 分)

| 题号 | 7 | 8 |
|------|----|------|
| 答案 | 64 | −2011 |

三、计算题(每题 1 分)

| 题号 | 9 | 10 |
|------|----|----|
| 答案 | 2 | 1 |

四、解答题(2 分)

解：设每个收费口每分钟能够通过 $x$ 辆车，该收费站每分钟有 $y$ 辆车到达，需要 $z$ 分钟.

根据题意，可得 $\begin{cases} 20x = 80 + 20y, \\ 2 \times 8x = 80 + 8y. \end{cases}$ (用一元方程解出也可，直接给两分)

解得 $x = 6$，$y = 2$…………1 分

所以 $3 \times 6z = 80 + 2z$，$z = 5$…………1 分

答：略.

五、附加题(2 分)

(1)例如，3，4，5 或 6，8，10 或 5，12，13 等其他满足勾股定理的整数解…………1 分

(2)若给出 3，4，5 这组数的倍数…………1 分

或通过 $a^2 = c^2 - b^2 = (c+b)(c-b)$，然后将一个平方数分解为两个偶数的乘积，进而获得若干组…………1 分

或其他的方法…………1 分

卷Ⅱ（几何）

一、单项选择题（每题 1 分）

| 题号 | 1 | 2 | 3 | 4 | 5 |
|------|---|---|---|---|---|
| 答案 | D | B | C | D | D |

二、填空题（每题 1 分）

| 题号 | 6 | 7 | 8 | 9 |
|------|---|---|---|---|
| 答案 | 36.1°或36°6′ | $60°\leqslant\alpha<90°$ | $90°+\dfrac{\alpha}{2}$ | 35° |

三、解答与证明题

10.（1分）略（只有画图正确的情况下给1分，其余为0分）。

11.（2分）横坐标变为原来的二倍（1分），纵坐标不变（1分）。

12.（3分）

证明：（1）$\angle GBP=45°$，$\angle BGP=90°\Rightarrow\angle BPA=45°$，

$\angle BAP+45°=\angle EBP=\angle PBD=45°+\angle DBG\Rightarrow$

$\angle BAP=\angle DBG\Rightarrow\angle DAC=\angle DBG\Rightarrow\angle BGD=\angle ACD=90°$，

$AC\perp BC$（1分，过程不全不给分）。

（2）$\angle APB=\angle HDC$. 因为

$\angle APB=\angle EBP-\angle BAP=\dfrac{1}{2}\angle EBD-\dfrac{1}{2}\angle BAC$，

$\angle HDC=90°-\angle DCH=90°-\dfrac{1}{2}\angle BCF=\dfrac{1}{2}(180°-\angle BCF)=\dfrac{1}{2}\angle ACB=$

$\dfrac{1}{2}\angle EBD-\dfrac{1}{2}\angle BAC=\angle APB$（1分，过程不全不给分）.

# 附录3　七年级学生数学学科
# 课外学习情况调查问卷

下列问题有的可以多选！

1.(可多选)请问你在七年级参加过哪几种形式的数学课外补习(学习)？

1. 未参加

2. 你所在学校开办的课外班(如竞赛辅导、趣味数学、研究性学习等)

3. 补习学校或补习班(补课班)

4. 家教

5. 其他形式(请具体描述)＿＿＿＿＿＿＿＿＿＿＿＿＿＿＿

2.(可多选)请问你所参加的数学课外补习(学习)的内容是(　　　)。

A. 奥数(数学竞赛)

B. 提前学习课内的内容

C. 补习(复习)课内的内容

D. 兴趣班(如趣味数学、数学故事、研究性学习等)

E. 课后看护班(由教师辅导完成作业、解答一些问题等)

F. 其他(请具体说明)＿＿＿＿＿＿＿＿＿＿＿＿＿＿＿

3. 请估计你参加数学课外补习(学习)的时间：

A. 只是偶尔参加

B. 约每周 1 小时

C. 约每周 2 小时

D. 约每周 3 小时

E. 约每周 4 小时以上(包括 4 小时)

4.(可多选)为你补习、辅导数学的教师的背景是(　　　)。

A. 在校大学生(本科生、专科生)

B. 在校的硕士研究生或博士研究生

C. 在职老师

D. 不清楚

E. 其他：请具体说明＿＿＿＿＿＿＿＿＿＿＿＿＿＿＿

5.(可多选)数学课外补习(学习)的班级规模是(　　　)。

A."一对一"(一位教师教一名学生)

B. 小班教学（小于 10 人）

C. 大班教学（大于等于 10 人）

6. 请问你父母（或监护人）的最高学历是（    ）。

A. 高中以下　　　　　B. 高中　　　　　C. 大学专科

D. 大学本科　　　　　E. 硕士研究生　　　F. 博士研究生

G. 不清楚

7. 请问你是否有个人电脑？（    ）

A. 有　　　　　　　　B. 没有

8. 请问你是否有手机？

A. 有　　　　　　　　B. 没有

9. 请问你的手机是花多少钱买的？

A. 500 元以下　　　　　　　　　　B. 500～1000 元（含 1000 元）

C. 1000～2000 元（含 2000 元）　　D. 2000～3000 元（含 3000 元）

E. 3000 元以上

# 附录 4　学生代数能力测试 IRT 项目参数、信息函数及相关 Bilog-MG 程序

程序：

```
>GLOBAL    DFNAME='student_d. DAT', NPARM=3, SAVE;
>SAVE      PARM='EXAMPL01. PAR', SCORE='EXAMPL01. SCO';
>LENGTH    NITEMS=12;
>INPUT     NTOTAL=12, NALT=2, NIDCHAR=4,
           KFNAME = 'EXAMPL01. KEY', OFNAME = 'EXAM-
           PL01. OMT';
>ITEMS     INAMES=(MATH01(1)MATH12);
>TEST1     TNAME='PRETEST', INUMBER=(1(1)12);
(4A1, 1X, 12A1)
>CALIB     NQPT=31, CYCLES=25, NEWTON=10, CRIT=0.001,
           ACCEL=0.0, CHI=15, PLOT=1;
>SCORE     NOPRINT, RSCTYPE=4, INFO=2, POP;
```

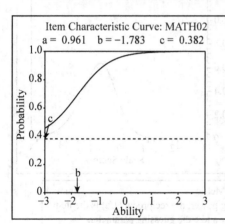

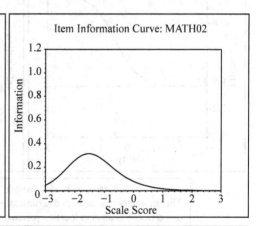

3-Parameter Model, Normal Metric                                Item: 2

The parameter a is the item discriminating power, the reciprocal (1/a) is the item dispersion, b is an item location parameter and c the guessing parameter.

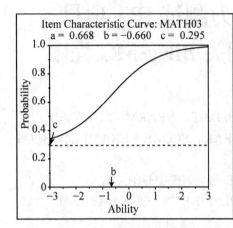

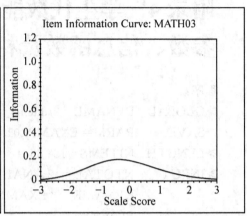

3-Parameter Model, Normal Metric                                    Item: 3

The parameter a is the item discriminating power, the reciprocal (1/a) is the item dispersion, b is an item location parameter and c the guessing parameter.

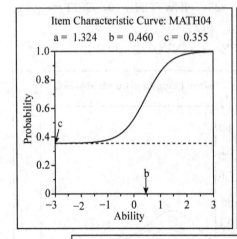

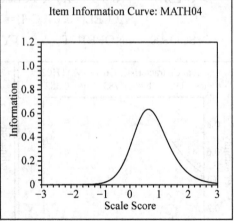

3-Parameter Model, Normal Metric                                    Item: 4

The parameter a is the item discriminating power, the reciprocal (1/a) is the item dispersion, b is an item location parameter and c the guessing parameter.

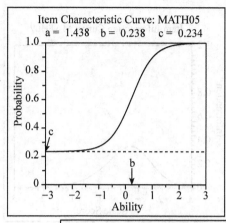

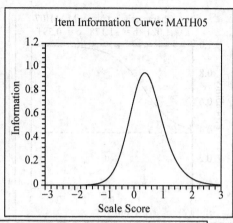

3-Parameter Model, Normal Metric　　　　　　　　　　　Item: 5

The parameter a is the item discriminating power, the reciprocal (1/a) is the item dispersion, b is an item location parameter and c the guessing parameter.

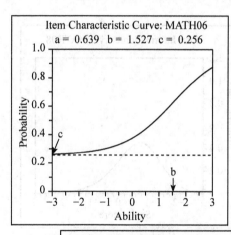

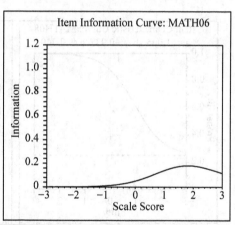

3-Parameter Model, Normal Metric　　　　　　　　　　　Item: 6

The parameter a is the item discriminating power, the reciprocal (1/a) is the item dispersion, b is an item location parameter and c the guessing parameter.

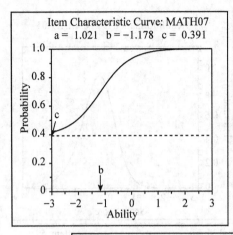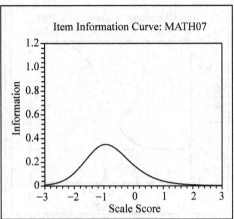

3-Parameter Model, Normal Metric                                    Item: 7

The parameter a is the item discriminating power, the reciprocal (1/a) is the item dispersion, b is an item location parameter and c the guessing parameter.

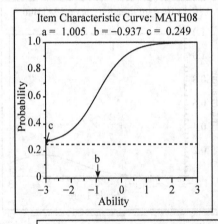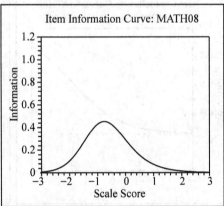

3-Parameter Model, Normal Metric                                    Item: 8

The parameter a is the item discriminating power, the reciprocal (1/a) is the item dispersion, b is an item location parameter and c the guessing parameter.

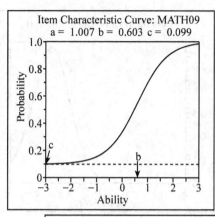

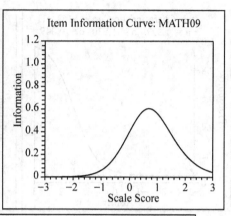

3-Parameter Model, Normal Metric　　　　　　　　Item: 9

The parameter a is the item discriminating power, the reciprocal (1/a) is the item dispersion, b is an item location parameter and c the guessing parameter.

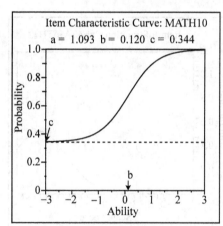

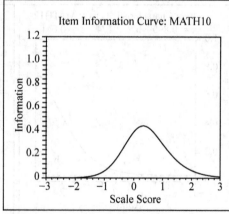

3-Parameter Model, Normal Metric　　　　　　　　Item: 10

The parameter a is the item discriminating power, the reciprocal (1/a) is the item dispersion, b is an item location parameter and c the guessing parameter.

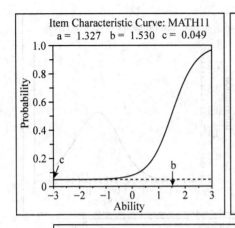
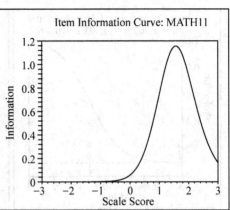

3-Parameter Model, Normal Metric                    Item: 11

The parameter a is the item discriminating power, the reciprocal (1/a) is the item dispersion, b is an item location parameter and c the guessing parameter.

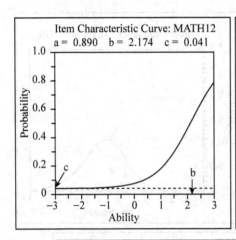
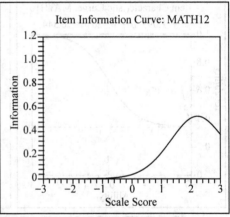

3-Parameter Model, Normal Metric                    Item: 12

The parameter a is the item discriminating power, the reciprocal (1/a) is the item dispersion, b is an item location parameter and c the guessing parameter.

# 附录 5　部分 Matlab 运算程序

1. 由应用性属性掌握模式和 $Q$ 矩阵生成期望反应模式的 Matlab 程序：

```
load Q. dat
load B. dat
A=zeros(147, 11);

for i=1: 147
    for j=1: 11
        A(i, j)=1;
        for k=1: 9
            if B(i, k)<Q(k, j);
            c(k)=0;
            else
            c(k)=1;
            end
            A(i, j)=A(i, j) * c(k);
        end
    end
end
```

2. 计算属性能力的计算程序（代数测试）[1][2]：

```
load abc. dat
load l. dat
load m. dat
load n. dat
load Theta. dat
```

---

[1]　感谢北京师范大学汪玥博士对程序的指导。

[2]　针对改造的 Leighton 等人（Leighton，et al. ，2004）的方法。

```
A=zeros(1378, 20);

for i=1: 1378
    for j=1: 20
        A(i, j)=1;
        for k=1: 12
            temp=abc(k, 3)+(1-abc(k, 3))/(1+exp(-1.7 *
            abc(k, 1) * (Theta(j)-abc(k, 2))));
                if m(i, k)-n(j, k)=1
                  p(k)=temp;
                else if m(i, k)-n(j, k)=0
                        p(k)=1;
                else
                        p(k)=1-temp;
                end
            end
            A(i, j)=A(i, j) * p(k);
    end
    end
end

c=A * 1;

for i=1: 1378
  temp=sum(c(i,:));
  for j=1: 8
    d(i, j)=c(i, j)/temp;
  end
end
```

# 附录6  结构方程模型部分估计结果

残差估计结果与样本协方差：

整体代数成就：

```
Covariances
                education  teaching  THTeaching  Tasklevel  HTresponse  HTasking  Classstudentmean
education        0.0764
teaching        -0.1968   47.6196
THTeaching       0.0264   -0.1582    0.1124
Tasklevel        0.0347    1.0949   -0.0093     0.3542
HTresponse       0.0082   -0.0469    0.0319     0.0285     0.1084
HTasking         0.0336   -0.3557    0.0183     0.0200     0.0116     0.0598
Classstudentmean 0.0009   -0.0556    0.0007     0.0155     0.0048     0.0012    0.0100
```

Variances(Group number 1-Default model)

|       | Estimate | S. E.  | C. R.  | P       |
|-------|----------|--------|--------|---------|
| e10   | 47. 620  | 11. 383 | 4. 183 | * * *   |
| e12   | 0. 076   | 0. 018 | 4. 183 | * * *   |
| e6    | 0. 309   | 0. 074 | 4. 183 | * * *   |
| e7    | 0. 103   | 0. 025 | 4. 183 | * * *   |
| e11   | 0. 033   | 0. 078 | 0. 416 | 0. 678  |
| e1    | 0. 009   | 0. 002 | 4. 183 | * * *   |
| e3    | 0. 011   | 0. 078 | 0. 142 | 0. 887  |
| e4    | 0. 106   | 0. 026 | 4. 122 | * * *   |

相对低认知水平代数属性的成就：

```
Covariances
                   education  teaching  THTeaching  Tasklevel  HTresponse  HTasking  lowStudentachievemean
education           0.0764
teaching           -0.1968   47.6196
THTeaching          0.0264   -0.1582    0.1124
Tasklevel           0.0347    1.0949   -0.0093     0.3542
HTresponse          0.0082   -0.0469    0.0319     0.0285     0.1084
HTasking            0.0336   -0.3557    0.0183     0.0200     0.0116     0.0598
lowStudentachievemean -0.0355  0.1005   -0.0317     0.0646     0.0258     -0.0274    0.3167
```

191

Variances(Group number 1-Default model)

| | Estimate | S. E. | C. R. | P |
|---|---|---|---|---|
| e10 | 47.620 | 11.383 | 4.183 | * * * |
| e12 | 0.076 | 0.018 | 4.183 | * * * |
| e6 | 0.309 | 0.074 | 40.183 | * * * |
| e7 | 0.103 | 0.025 | 4.183 | * * * |
| e11 | 0.016 | 0.023 | 0.701 | 0.484 |
| e1 | 0.272 | 0.068 | 3.996 | * * * |
| e3 | 0.027 | 0.024 | 1.160 | 0.246 |
| e4 | 0.106 | 0.026 | 4.148 | * * * |

### 相对高认知水平代数属性的成就：

Covariances

| | education | teaching | THTeaching | Tasklevel | HTresponse | HTasking | highstudentachievemean |
|---|---|---|---|---|---|---|---|
| education | 0.0764 | | | | | | |
| teaching | -0.1968 | 47.6196 | | | | | |
| THTeaching | 0.0264 | -0.1582 | 0.1124 | | | | |
| Tasklevel | 0.0347 | 1.0949 | -0.0093 | 0.3542 | | | |
| HTresponse | 0.0082 | -0.0469 | 0.0319 | 0.0285 | 0.1084 | | |
| HTasking | 0.0336 | -0.3557 | 0.0183 | 0.0200 | 0.0116 | 0.0598 | |
| highstudentachievemean | -0.0258 | 0.0904 | -0.0315 | 0.1038 | 0.0035 | -0.0083 | 0.2952 |

### 中等几何认知水平：

Covariances

| | education | teaching | THTeaching | Tasklevel | HTresponse | HTasking | level2resid |
|---|---|---|---|---|---|---|---|
| education | 0.0784 | | | | | | |
| teaching | -0.2008 | 48.9682 | | | | | |
| THTeaching | 0.0267 | -0.1592 | 0.1146 | | | | |
| Tasklevel | 0.0367 | 1.1184 | -0.0073 | 0.3592 | | | |
| HTresponse | 0.0072 | -0.0391 | 0.0302 | 0.0352 | 0.1046 | | |
| HTasking | 0.0340 | -0.3621 | 0.0177 | 0.0231 | 0.0090 | 0.0604 | |
| level2resid | 0.0021 | -0.0292 | -0.0001 | 0.0275 | 0.0065 | 0.0019 | 0.0080 |

Variances(Group number 1-Default model)

| | Estimate | S. E. | C. R. | P |
|---|---|---|---|---|
| e10 | 48.968 | 11.877 | 4.123 | * * * |
| e12 | 0.078 | 0.019 | 4.123 | * * * |

| | Estimate | S. E. | C. R. | P |
|---|---|---|---|---|
| e6 | 0.312 | 0.076 | 4.123 | * * * |
| e7 | 0.105 | 0.026 | 4.123 | * * * |
| e11 | 0.025 | 0.073 | 0.341 | 0.733 |
| e1 | 0.006 | 0.001 | 4.122 | * * * |
| e3 | 0.019 | 0.073 | 0.263 | 0.792 |
| e4 | 0.103 | 0.025 | 4.084 | * * * |

# 附录7 用于本研究的部分 MIST-CHINA 项目课堂教学分析量表

| | 1. 数学任务 |
|---|---|
| 4 | **做数学**<br>具体表现为：<br>·需要复杂的、非算法化的思维（任务、任务讲解或已完成的例子没有明显给出一个可借鉴的、可预料的、预演好的方法或路径）；<br>·要求学生探索和理解数学观念、过程和关系的本质；<br>·要求学生对自己的认知过程进行自我调控；<br>·要求学生启用相关知识和经验，并在任务完成过程中恰当使用；<br>·要求学生分析任务并积极检查对可能的问题解决策略和解法起限制作用的因素；<br>·需要相当大的认知努力，也许由于解决策略不可预期的性质，学生还会有某种程度的焦虑。<br>举例：<br>李老师所教的班级要为春季科技展饲养白兔，他们用约 7 m 长的篱笆修建了一个饲养兔子的矩形围栏。<br>(1)如果学生们想让兔子拥有尽可能大的空间，那么围栏的各边应为多长？<br>(2)如果他们有 5 m 长的篱笆，那么围栏的各边又为多长？<br>(3)给定长度的篱笆怎样围才有最大面积？怎样组织、整理你的解决方法以便使其他阅读的人能够理解？ |
| 3 | **有联系的程序型**<br>具体表现为：<br>·为了发展对数学概念和思想的更深层次理解，学生的注意力应集中在程序的使用上。<br>·暗示有一条路径可以遵循（显性地或隐性地），这种路径即与隐含的观念有密切联系的、明晰的一般性程序。<br>·常用的呈现方式有多种（如借助可视图表、学具、符号、问题情境等）。在多种表现形式之间建立起有助于发展意义理解的联系。<br>·需要某种程度的认知努力。尽管有一般的程序可资遵循，但却不能不加考虑地应用。为了成功完成任务和发展数学的理解，学生需要理解存在于这些程序中的观点。 |

| 1. 数学任务 |
|---|

举例：运用 $10 \times 10$ 的表格，找出 $\frac{3}{5}$ 所代表的小数与百分数表达形式。

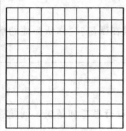

期望学生的回答是：

分数　　　　小数　　　　百分数

$\frac{60}{100} = \frac{3}{5}$　　$\frac{60}{100} = 0.60$　　$0.60 = 60\%$

---

2

无联系的程序型

具体表现为：

· 基于规则化。解决的过程基于以往教学中的规则与过程；

· 认知要求有限，解决方法与过程比较清晰；

· 主要目标是获得正确的过程；无须解释，或仅描述所运用的过程。

举例：将分数 $\frac{3}{8}$ 转化为小数与百分数。

期望学生的回答是：

分数　　小数　　　　百分数

$\frac{3}{8}$　　　0.375　　　37.5%

---

1

记忆型

具体表现为：

回忆既定的事实、公式或规则。

举例：分数 $\frac{1}{2}$ 与 0.5 相等吗？

期望学生的回答是：相等。

| 2. 教师提问问题的最高类型 |  |
|---|---|
| 4 | **分析比较**<br>具体表现为：<br>需要学生对各种观点、思想、方法、作品等进行评价，分析、评价不同问题或策略之间的本质区别与联系。<br>举例："这与以前的方法有什么区别？这样解答的错误在哪里？""你认为他的解决办法怎么样？" |
| 3 | **综合开放性**<br>具体表现为：<br>需要学生综合运用各种知识，对同一问题从不同角度进行思考和解决，问题答案多元，能够激发学生的想象力和创造力。<br>举例："对这个问题，你会怎么办？有哪些方法？" |
| 2 | **解释性**<br>具体表现为：<br>让学生解释为什么选择这样一个规则或者策略是有效的，以便了解学生对所学内容是否真正理解。<br>举例："采用这种方法的依据是什么？""为什么用这种方法？" |
| 1 | **回忆性问题或描述性**<br>具体表现为：<br>需要学生回忆以前学过的或描述当前运用的事实性信息、规则或策略；回答"是"或"不是"或"某个数字"。<br>举例："15的个位是多少？""这里用加法还是减法？""下一步应该如何做？""昨天学习了什么？""如果在分子上乘3，那么分母乘几得到的分数不变呢？" |

| 3. 教师对学生想法最积极的反应 |  |
|---|---|
| 4 | **探究与运用学生的想法**<br>具体表现为：<br>接纳、鼓励学生的想法，并探究学生提供的想法，运用到教学中。<br>即使学生想法错误，教师也尽力寻找闪光点，鼓励引导这个学生及其他学生共同探究、发现，改正错误。<br>举例："大家看，小明有一个好的方法来解决这个问题，一起来分析这种解法是如何得出的。" |

| 3. 教师对学生想法最积极的反应 | |
|---|---|
| 3 | 接纳鼓励<br>具体表现为：<br>接纳学生的想法，并鼓励学生，如果学生想法错误，也尽力寻找闪光点，鼓励、引导这个学生自己发现、改正错误。<br>举例：教师鼓励学生："小明，你的解题思路很有新意，要是你没有出现计算错误，那就更好了，现在你自己看看，哪里出现计算错误了?" |
| 2 | 接纳，但态度中立<br>具体表现为：<br>接纳并评判学生的想法，但没有表扬鼓励，也没有批评讽刺，如果学生想法错误，教师自己指正、解释。<br>举例：教师评论"可以"，转向下一个新的内容。 |
| 1 | 批评、忽视、打断、放弃学生的想法<br>具体表现为：<br>教师批评、忽视、打断、放弃学生的想法或贡献，打断学生回答或自己代答。<br>举例："你不要继续说下去了，你的想法是错的。" |

| 4. 学生反馈（学生对师生想法最积极的反馈） | |
|---|---|
| 4 | 下列情形：<br>学生联系各种数学观点，展示或描述他们的想法，并且完整、系统地解释说明为什么他们解决问题的策略、观点或程序有效。<br>或者学生展示或讨论了多种策略或表征来解决问题，并且解释说明如何用不同的策略/表示/数学思想来解决任务或为什么要用这些策略/表示/数学思想，并把不同的策略/表示/数学思想有机地联系起来。 |
| 3 | 学生联系各种数学观点，展示或描述他们的想法，并试图解释说明为什么他们的策略、观点或程序有效。但是他们的解释不够完整、不够连贯或不够精确。<br>（举例：经常需要教师进一步启发学生做出反应。）<br>或者学生展示/讨论了多种策略或表示来解决问题，解释了如何用这些不同的策略/表示来解决任务，但是没有解释为什么用这些策略/表示有效。 |

| | 4. 学生反馈(学生对师生想法最积极的反馈) |
|---|---|
| 2 | 学生展示或描述他们的想法,(举例:乘法问题的步骤,求平均数的步骤或解方程的步骤;他们第一步做了什么,第二步做了什么,等等)。但是没有解释为什么他们的策略或程序可行或恰当。<br>或者学生只展示/讨论了一种策略或表示来解决任务。 |
| 1 | 学生只提供简短的或一个字的答案(举例:只说出计算结果,或回答"是""对");或者学生的反馈与数学无关。 |

| | 5. 教师讲解 |
|---|---|
| 3 | 教师讲解、渗透数学思想方法,塑造学生良好的认知结构,促进学生学习数学的有意义心向。<br>举例:"其实刚刚呢,是遵循了一个一般过程,一般来说解决实际问题中的数学问题基本上走的是这条路线。这就是解决实际问题的一般过程,在具体操作的时候又可把它细化成这么几步。"(一般化思想) |
| 2 | 教师分析解题的思路,包括运用各种教学手段,如适当联系学生的实际生活、把新知识与学生原有的适当观念联系起来,使用举例,比喻,比较,直观材料(如图形、教具、多媒体等)、肢体语言等,来进一步解释解决数学问题的想法。<br>举例:"同学们看一下,发现第二个问题比第一个问题深了一层。题目当中给的两个方程,没有一个 $y$ 等于 $x$ 的现成的式子,或者 $x$ 等于 $y$ 的式子。" |
| 1 | 教师仅仅陈述题目内容,叙述概念、定理、公式,陈述解题过程等数学内容。<br>举例:"在一个方程中,如果含有两个未知数,并且每一个未知数的次数都是一次,那么这就是今天说的二元一次方程。当然,还必须说含有未知数的式子必须是整式。" |
| 0 | 教师讲解有科学性错误。 |

# 附录 8　应用性知识状态与相应的期望反应模式

| 期望反应模式 | | | | | | | | | | | | 应用性知识状态 | | | | | | | | |
|---|---|---|---|---|---|---|---|---|---|---|---|---|---|---|---|---|---|---|---|---|
| 0 | 0 | 0 | 0 | 0 | 0 | 0 | 0 | 0 | 0 | 0 | 0 | 0 | 0 | 0 | 0 | 0 | 0 | 0 | 0 | 0 |
| 1 | 0 | 0 | 0 | 0 | 0 | 0 | 0 | 0 | 0 | 0 | 0 | 1 | 0 | 0 | 0 | 0 | 0 | 0 | 0 | 0 |
| 1 | 1 | 1 | 0 | 0 | 0 | 0 | 0 | 0 | 0 | 0 | 0 | 1 | 1 | 1 | 0 | 0 | 0 | 0 | 0 | 0 |
| 0 | 0 | 1 | 0 | 0 | 0 | 0 | 0 | 0 | 0 | 0 | 0 | 1 | 1 | 0 | 0 | 0 | 0 | 0 | 0 | 0 |
| 1 | 0 | 0 | 1 | 0 | 0 | 0 | 0 | 0 | 0 | 0 | 0 | 1 | 0 | 0 | 1 | 0 | 0 | 0 | 0 | 0 |
| 1 | 0 | 0 | 0 | 1 | 0 | 0 | 0 | 0 | 0 | 0 | 0 | 1 | 0 | 0 | 0 | 1 | 0 | 0 | 0 | 0 |
| 1 | 0 | 0 | 0 | 1 | 0 | 0 | 0 | 0 | 0 | 0 | 1 | 1 | 0 | 0 | 0 | 1 | 1 | 0 | 0 | 0 |
| 1 | 0 | 0 | 0 | 0 | 1 | 0 | 0 | 0 | 0 | 0 | 0 | 0 | 0 | 0 | 0 | 0 | 0 | 1 | 0 | 0 |
| 1 | 1 | 1 | 0 | 0 | 0 | 1 | 1 | 1 | 0 | 0 | 0 | 1 | 1 | 1 | 0 | 0 | 0 | 0 | 1 | 0 |
| 0 | 0 | 0 | 0 | 0 | 0 | 0 | 0 | 0 | 1 | 0 | 0 | 0 | 0 | 0 | 0 | 0 | 0 | 0 | 0 | 1 |
| 1 | 0 | 1 | 0 | 0 | 0 | 0 | 0 | 0 | 0 | 0 | 0 | 1 | 0 | 1 | 0 | 0 | 0 | 0 | 0 | 0 |
| 1 | 0 | 0 | 0 | 0 | 0 | 0 | 0 | 0 | 1 | 0 | 0 | 1 | 0 | 0 | 0 | 0 | 0 | 0 | 0 | 1 |
| 1 | 1 | 1 | 1 | 0 | 0 | 0 | 0 | 0 | 0 | 0 | 0 | 1 | 1 | 1 | 1 | 0 | 0 | 0 | 0 | 0 |
| 1 | 1 | 1 | 0 | 1 | 0 | 0 | 0 | 0 | 0 | 0 | 0 | 1 | 1 | 1 | 0 | 1 | 0 | 0 | 0 | 0 |
| 1 | 1 | 1 | 0 | 1 | 0 | 0 | 0 | 0 | 0 | 0 | 1 | 1 | 1 | 1 | 0 | 1 | 1 | 0 | 0 | 0 |
| 1 | 1 | 1 | 0 | 0 | 1 | 0 | 0 | 0 | 0 | 0 | 0 | 1 | 1 | 1 | 0 | 0 | 0 | 1 | 0 | 0 |
| 1 | 1 | 1 | 0 | 0 | 0 | 0 | 0 | 0 | 1 | 0 | 0 | 1 | 1 | 1 | 0 | 0 | 0 | 0 | 0 | 1 |
| 1 | 0 | 1 | 1 | 0 | 0 | 0 | 0 | 0 | 0 | 0 | 0 | 1 | 0 | 1 | 1 | 0 | 0 | 0 | 0 | 0 |
| 1 | 0 | 1 | 0 | 1 | 0 | 0 | 0 | 0 | 0 | 0 | 0 | 1 | 0 | 1 | 0 | 1 | 0 | 0 | 0 | 0 |
| 1 | 0 | 1 | 0 | 1 | 0 | 0 | 0 | 0 | 0 | 0 | 1 | 1 | 0 | 1 | 0 | 1 | 1 | 0 | 0 | 0 |
| 1 | 0 | 1 | 0 | 0 | 1 | 0 | 0 | 0 | 0 | 0 | 0 | 1 | 0 | 1 | 0 | 0 | 0 | 1 | 0 | 0 |
| 0 | 0 | 1 | 0 | 0 | 0 | 0 | 0 | 0 | 1 | 0 | 0 | 0 | 0 | 1 | 0 | 0 | 0 | 0 | 0 | 1 |
| 1 | 0 | 1 | 0 | 0 | 0 | 0 | 0 | 0 | 1 | 0 | 0 | 1 | 0 | 1 | 0 | 0 | 0 | 0 | 0 | 1 |

续表

| 期望反应模式 | | | | | | | | | 应用性知识状态 | | | | | | | | |
|---|---|---|---|---|---|---|---|---|---|---|---|---|---|---|---|---|---|
| 1 | 0 | 0 | 1 | 1 | 0 | 0 | 0 | 0 | 1 | 0 | 0 | 1 | 1 | 0 | 0 | 0 | 0 |
| 1 | 0 | 0 | 1 | 1 | 0 | 0 | 0 | 1 | 1 | 0 | 0 | 1 | 1 | 1 | 0 | 0 | 0 |
| 1 | 0 | 0 | 1 | 0 | 1 | 0 | 0 | 0 | 1 | 0 | 0 | 1 | 0 | 0 | 1 | 0 | 0 |
| 1 | 1 | 1 | 1 | 0 | 0 | 1 | 1 | 1 | 1 | 1 | 1 | 1 | 0 | 0 | 0 | 1 | 0 |
| 1 | 0 | 0 | 1 | 0 | 0 | 0 | 0 | 1 | 1 | 0 | 0 | 1 | 0 | 0 | 0 | 0 | 1 |
| 1 | 1 | 1 | 1 | 1 | 0 | 0 | 0 | 0 | 1 | 1 | 1 | 1 | 1 | 0 | 0 | 0 | 0 |
| 1 | 1 | 1 | 1 | 1 | 0 | 0 | 0 | 1 | 1 | 1 | 1 | 1 | 1 | 1 | 0 | 0 | 0 |
| 1 | 1 | 1 | 1 | 0 | 1 | 0 | 0 | 0 | 1 | 1 | 1 | 1 | 0 | 0 | 1 | 0 | 0 |
| 1 | 1 | 1 | 1 | 0 | 0 | 0 | 0 | 1 | 1 | 1 | 1 | 1 | 0 | 0 | 0 | 0 | 1 |
| 1 | 0 | 1 | 1 | 1 | 0 | 0 | 0 | 0 | 1 | 0 | 1 | 1 | 1 | 0 | 0 | 0 | 0 |
| 1 | 0 | 1 | 1 | 1 | 0 | 0 | 0 | 1 | 1 | 0 | 1 | 1 | 1 | 1 | 0 | 0 | 0 |
| 1 | 0 | 1 | 1 | 0 | 1 | 0 | 0 | 0 | 1 | 0 | 1 | 1 | 0 | 0 | 1 | 0 | 0 |
| 1 | 0 | 1 | 1 | 0 | 0 | 0 | 0 | 1 | 1 | 0 | 1 | 1 | 0 | 0 | 0 | 0 | 1 |
| 1 | 0 | 0 | 0 | 1 | 1 | 0 | 0 | 0 | 1 | 0 | 0 | 0 | 1 | 0 | 1 | 0 | 0 |
| 1 | 1 | 1 | 0 | 1 | 0 | 1 | 1 | 1 | 1 | 1 | 1 | 0 | 1 | 0 | 0 | 1 | 0 |
| 1 | 0 | 0 | 0 | 1 | 0 | 0 | 0 | 1 | 1 | 0 | 0 | 0 | 1 | 0 | 0 | 0 | 1 |
| 1 | 1 | 1 | 0 | 1 | 1 | 0 | 0 | 0 | 1 | 1 | 1 | 0 | 1 | 0 | 1 | 0 | 0 |
| 1 | 1 | 1 | 0 | 1 | 0 | 0 | 0 | 1 | 1 | 1 | 1 | 0 | 1 | 0 | 0 | 0 | 1 |
| 1 | 0 | 1 | 0 | 1 | 1 | 0 | 0 | 0 | 1 | 0 | 1 | 0 | 1 | 0 | 1 | 0 | 0 |
| 1 | 0 | 1 | 0 | 1 | 0 | 0 | 0 | 1 | 1 | 0 | 1 | 0 | 1 | 0 | 0 | 0 | 1 |
| 1 | 0 | 0 | 1 | 1 | 1 | 0 | 0 | 0 | 1 | 0 | 0 | 1 | 1 | 0 | 1 | 0 | 0 |
| 1 | 1 | 1 | 1 | 1 | 0 | 1 | 1 | 1 | 1 | 1 | 1 | 1 | 1 | 0 | 0 | 1 | 0 |
| 1 | 0 | 0 | 1 | 1 | 0 | 0 | 0 | 1 | 1 | 0 | 0 | 1 | 1 | 0 | 0 | 0 | 1 |
| 1 | 1 | 1 | 1 | 1 | 1 | 0 | 0 | 0 | 1 | 1 | 1 | 1 | 1 | 0 | 1 | 0 | 0 |
| 1 | 1 | 1 | 1 | 1 | 0 | 0 | 0 | 1 | 1 | 1 | 1 | 1 | 1 | 0 | 0 | 0 | 1 |
| 1 | 0 | 1 | 1 | 1 | 1 | 0 | 0 | 0 | 1 | 0 | 1 | 1 | 1 | 0 | 1 | 0 | 0 |
| 1 | 0 | 1 | 1 | 1 | 0 | 0 | 0 | 1 | 1 | 0 | 1 | 1 | 1 | 0 | 0 | 0 | 1 |

| 期望反应模式 | | | | | | | | | | | 应用性知识状态 | | | | | | | | |
|---|---|---|---|---|---|---|---|---|---|---|---|---|---|---|---|---|---|---|---|
| 1 | 0 | 0 | 0 | 1 | 1 | 0 | 0 | 0 | 0 | 1 | 1 | 0 | 0 | 0 | 1 | 1 | 1 | 0 | 0 |
| 1 | 1 | 1 | 0 | 1 | 0 | 1 | 1 | 1 | 0 | 1 | 1 | 1 | 1 | 0 | 1 | 1 | 0 | 1 | 0 |
| 1 | 0 | 0 | 0 | 1 | 0 | 0 | 0 | 0 | 1 | 1 | 1 | 0 | 0 | 0 | 1 | 1 | 0 | 0 | 1 |
| 1 | 1 | 1 | 0 | 1 | 1 | 0 | 0 | 0 | 0 | 1 | 1 | 1 | 1 | 0 | 1 | 1 | 1 | 0 | 0 |
| 1 | 1 | 1 | 0 | 1 | 0 | 0 | 0 | 0 | 1 | 1 | 1 | 1 | 1 | 0 | 1 | 1 | 0 | 0 | 1 |
| 1 | 0 | 1 | 0 | 1 | 1 | 0 | 0 | 0 | 0 | 1 | 1 | 0 | 1 | 0 | 1 | 1 | 1 | 0 | 0 |
| 1 | 0 | 1 | 0 | 1 | 0 | 0 | 0 | 0 | 1 | 1 | 1 | 0 | 1 | 0 | 1 | 1 | 0 | 0 | 1 |
| 1 | 0 | 0 | 1 | 1 | 1 | 0 | 0 | 0 | 0 | 1 | 1 | 0 | 0 | 1 | 1 | 1 | 1 | 0 | 0 |
| 1 | 1 | 1 | 1 | 1 | 0 | 1 | 1 | 1 | 0 | 1 | 1 | 1 | 1 | 1 | 1 | 1 | 0 | 1 | 0 |
| 1 | 0 | 0 | 1 | 1 | 0 | 0 | 0 | 0 | 1 | 1 | 1 | 0 | 0 | 1 | 1 | 1 | 0 | 0 | 1 |
| 1 | 1 | 1 | 1 | 1 | 1 | 0 | 0 | 0 | 0 | 1 | 1 | 1 | 1 | 1 | 1 | 1 | 1 | 0 | 0 |
| 1 | 1 | 1 | 1 | 1 | 0 | 0 | 0 | 0 | 1 | 1 | 1 | 1 | 1 | 1 | 1 | 1 | 0 | 0 | 1 |
| 1 | 0 | 1 | 1 | 1 | 1 | 0 | 0 | 0 | 0 | 1 | 1 | 0 | 1 | 1 | 1 | 1 | 1 | 0 | 0 |
| 1 | 0 | 1 | 1 | 1 | 0 | 0 | 0 | 0 | 1 | 1 | 1 | 0 | 1 | 1 | 1 | 1 | 0 | 0 | 1 |
| 1 | 1 | 1 | 0 | 0 | 1 | 1 | 1 | 1 | 0 | 0 | 1 | 1 | 1 | 0 | 0 | 0 | 1 | 1 | 0 |
| 1 | 0 | 0 | 0 | 0 | 1 | 0 | 0 | 0 | 1 | 0 | 1 | 0 | 0 | 0 | 0 | 0 | 1 | 0 | 1 |
| 1 | 1 | 1 | 0 | 0 | 1 | 0 | 0 | 0 | 1 | 0 | 1 | 1 | 1 | 0 | 0 | 0 | 1 | 0 | 1 |
| 1 | 0 | 1 | 0 | 0 | 1 | 0 | 0 | 0 | 1 | 0 | 1 | 0 | 1 | 0 | 0 | 0 | 1 | 0 | 1 |
| 1 | 1 | 1 | 1 | 0 | 1 | 1 | 1 | 1 | 0 | 0 | 1 | 1 | 1 | 1 | 0 | 0 | 1 | 1 | 0 |
| 1 | 0 | 0 | 1 | 0 | 1 | 0 | 0 | 0 | 1 | 0 | 1 | 0 | 0 | 1 | 0 | 0 | 1 | 0 | 1 |
| 1 | 1 | 1 | 1 | 0 | 1 | 0 | 0 | 0 | 1 | 0 | 1 | 1 | 1 | 1 | 0 | 0 | 1 | 0 | 1 |
| 1 | 0 | 1 | 1 | 0 | 1 | 0 | 0 | 0 | 1 | 0 | 1 | 0 | 1 | 1 | 0 | 0 | 1 | 0 | 1 |
| 1 | 1 | 1 | 0 | 1 | 1 | 1 | 1 | 1 | 0 | 0 | 1 | 1 | 1 | 0 | 1 | 0 | 1 | 1 | 0 |
| 1 | 0 | 0 | 0 | 1 | 1 | 0 | 0 | 0 | 1 | 0 | 1 | 0 | 0 | 0 | 1 | 0 | 1 | 0 | 1 |
| 1 | 1 | 1 | 0 | 1 | 1 | 0 | 0 | 0 | 1 | 0 | 1 | 1 | 1 | 0 | 1 | 0 | 1 | 0 | 1 |
| 1 | 0 | 1 | 0 | 1 | 1 | 0 | 0 | 0 | 1 | 0 | 1 | 0 | 1 | 0 | 1 | 0 | 1 | 0 | 1 |
| 1 | 1 | 1 | 1 | 1 | 1 | 1 | 1 | 1 | 0 | 0 | 1 | 1 | 1 | 1 | 1 | 0 | 1 | 1 | 0 |

续表

| 期望反应模式 | | | | | | | | | | | 应用性知识状态 | | | | | | | | | |
|---|---|---|---|---|---|---|---|---|---|---|---|---|---|---|---|---|---|---|---|---|
| 1 | 0 | 0 | 1 | 1 | 1 | 0 | 0 | 0 | 1 | 0 | 1 | 0 | 0 | 1 | 1 | 0 | 1 | 0 | 1 | |
| 1 | 1 | 1 | 1 | 1 | 1 | 0 | 0 | 0 | 1 | 0 | 1 | 1 | 1 | 1 | 0 | 1 | 0 | 1 | | |
| 1 | 0 | 1 | 1 | 1 | 1 | 0 | 0 | 0 | 1 | 0 | 1 | 0 | 1 | 1 | 1 | 0 | 1 | 0 | 1 | |
| 1 | 1 | 1 | 0 | 1 | 1 | 1 | 1 | 1 | 0 | 1 | 1 | 1 | 1 | 0 | 1 | 1 | 1 | 1 | 0 | |
| 1 | 0 | 0 | 0 | 1 | 1 | 0 | 0 | 0 | 1 | 1 | 1 | 0 | 0 | 0 | 1 | 1 | 0 | 1 | | |
| 1 | 1 | 1 | 0 | 1 | 1 | 0 | 0 | 0 | 1 | 1 | 1 | 1 | 1 | 0 | 1 | 1 | 0 | 1 | | |
| 1 | 0 | 1 | 0 | 1 | 1 | 0 | 0 | 0 | 1 | 1 | 1 | 0 | 1 | 0 | 1 | 1 | 0 | 1 | | |
| 1 | 1 | 1 | 1 | 1 | 1 | 1 | 1 | 0 | 1 | | 1 | 1 | 1 | 1 | 1 | 1 | 1 | 1 | 0 | |
| 1 | 0 | 0 | 1 | 1 | 1 | 0 | 0 | 0 | 1 | 0 | 1 | 0 | 0 | 1 | 1 | 1 | 0 | 1 | | |
| 1 | 1 | 1 | 1 | 1 | 1 | 0 | 0 | 0 | 1 | 1 | 1 | 1 | 1 | 1 | 1 | 1 | 0 | 1 | | |
| 1 | 0 | 1 | 1 | 1 | 1 | 0 | 0 | 0 | 1 | 1 | 1 | 0 | 1 | 1 | 1 | 1 | 0 | 1 | | |
| 1 | 1 | 1 | 0 | 0 | 0 | 1 | 1 | 1 | 1 | 0 | 1 | 1 | 1 | 0 | 0 | 0 | 0 | 1 | 1 | |
| 1 | 1 | 1 | 1 | 0 | 0 | 1 | 1 | 1 | 1 | 0 | 1 | 1 | 1 | 1 | 0 | 0 | 0 | 1 | 1 | |
| 1 | 1 | 1 | 0 | 1 | 0 | 1 | 1 | 1 | 1 | 0 | 1 | 1 | 1 | 0 | 1 | 0 | 0 | 1 | 1 | |
| 1 | 1 | 1 | 1 | 1 | 0 | 1 | 1 | 1 | 1 | 0 | 1 | 1 | 1 | 1 | 1 | 0 | 0 | 1 | 1 | |
| 1 | 1 | 1 | 0 | 1 | 0 | 1 | 1 | 1 | 1 | 1 | 1 | 1 | 1 | 0 | 1 | 1 | 0 | 1 | 1 | |
| 1 | 1 | 1 | 1 | 1 | 0 | 1 | 1 | 1 | 1 | 1 | 1 | 1 | 1 | 1 | 1 | 0 | 1 | 1 | 1 | |
| 1 | 1 | 1 | 0 | 0 | 1 | 1 | 1 | 1 | 1 | 0 | 1 | 1 | 1 | 0 | 0 | 0 | 1 | 1 | 1 | |
| 1 | 1 | 1 | 1 | 0 | 1 | 1 | 1 | 1 | 1 | 0 | 1 | 1 | 1 | 1 | 0 | 0 | 1 | 1 | 1 | |
| 1 | 1 | 1 | 0 | 1 | 1 | 1 | 1 | 1 | 1 | 0 | 1 | 1 | 1 | 0 | 1 | 0 | 1 | 1 | 1 | |
| 1 | 1 | 1 | 1 | 1 | 1 | 1 | 1 | 1 | 1 | 0 | 1 | 1 | 1 | 1 | 1 | 0 | 1 | 1 | 1 | |
| 1 | 1 | 1 | 0 | 1 | 1 | 1 | 1 | 1 | 1 | 1 | 1 | 1 | 1 | 0 | 1 | 1 | 1 | 1 | 1 | |
| 1 | 1 | 1 | 1 | 1 | 1 | 1 | 1 | 1 | 1 | 1 | 1 | 1 | 1 | 1 | 1 | 1 | 1 | 1 | 1 | |

# 原博士论文致谢

　　拙作即成，答辩已过，颇感心中五味杂陈。

　　回首九载北师求学之路，似一气呵成，然其中心路，非寥寥数语可以言明。弱冠之年来京求学，而立之年惜别母校，身心俱变，唯从教之志未改，颇以为傲。

　　博士导师曹一鸣教授，视野开阔，学贯中西，颇有大将风度。谆谆教诲，受益终身，毋庸赘言。

　　硕士导师郓中丹教授，治学严谨，待人以诚。学生不才，难望恩师项背，有负厚望，惭愧之至。

　　百年木铎，名师众多，蒙刘洁民、张淑梅、马波、朱文芳、李建华、郭玉峰诸先生耳提面命，博士研究，工程浩繁，非同门学友，Vandy同人大力支持难以完成，谨此聊表感激之情。

　　二十五载求学之旅，若无花甲父母白发辛劳，必一无所成；三载博士学业，若非家里"领导"英明，亦难善始善终。

　　学为人师，行为世范。遥望今起三十载教师之路，压力、责任俱至。虽不奢望有所造就，利国利民，亦不敢有稍许懈怠，以致误人子弟，有辱师门。

　　荒唐之言，难登大雅。工作将至，心中忐忑，不知所言。

王立东

2012 年 6 月 3 日

# 与本研究相关的论文

王立东，曹一鸣，郭衎．数学教师对学生学业成就的影响研究[J]．教师教育研究，2018(1)．

王立东，郭衎，孟梦．认知诊断理论在数学教育评价中的应用[J]．数学教育学报，2016，25(6)．

郭衎，曹一鸣，王立东．教师信息技术使用对学生数学学业成绩的影响——基于三个学区初中教师的跟踪研究[J]．教育研究，2015，36(1)．

王立东，曹一鸣．教师对学生数学学业成就的影响研究述评[J]．数学教育学报，2014(3)．